愛晴れ!
フルーツ王国おかやま

岡山シティエフエムFM790
「RadioMOMO（レディオモモ）」番組
「愛晴れ!フルーツ王国おかやま」全12回を編集

目次

＼愛晴れ！フルーツ王国おかやま／

第1回

フルーツ王国事始め

放送日　2014年4月13日（日）

パーソナリティー　小玉康仁（小玉促成青果株式会社 社長）
アシスタント　大熊沙耶（元「ＪＡ全農おかやまフレッシュおかやま」）

大熊　皆さん、こんにちは。今日から始まりました「愛晴れ！フルーツ王国おかやま」。この番組は、白桃やマスカットに代表される「フルーツ王国おかやま」について、また、ラジオをお聞きの皆さんに、もっとフルーツが大好きになってもらおうという番組です。番組のメインパーソナリティーは、小玉促成青果株式会社の社長で、青果物のことなら何でもござれの小玉康仁さんです。よろしくお願いいたします。

小玉　よろしくお願いいたします。

大熊　小玉さん、番組タイトルの「愛晴れ！フルーツ王国おかやま」の「愛晴れ」は、「愛」に「晴れ」と書いて「あっぱれ」と読むわけですね。これはもしかして小玉さんが付けられたのですか。

小玉　はい、このタイトルにしたのは私です。

大熊　どういう理由で、この番組名にされたのでしょうか。

小玉　岡山県は愛に溢れていて、晴天日数一番多いじゃないですか。愛がいっぱいで、晴れている国だから、おいしい果物ができる。だから「愛晴れ！フルーツ王国おかやま」という番組名にしました。

大熊　なるほど、素敵ですね。小玉さん、これから30分、よろしくお願いいたします。

小玉　はい、一緒に頑張りましょうね。

大熊　「愛晴れ！フルーツ王国おかやま」は、岡山が誇るフルーツの話を中心に番組を進めていくわけですが、その前に、小玉さんが社長をされている小玉促成青果株式会社について教えてください。

小玉　当社は果物の卸売り会社で、私で6代目です。

大熊　6代目として何年間、果物と付き合ってらっしゃるのですか？

小玉　27歳の時から始めて、今年ちょうど還暦ですから、33年になります。

大熊　33年ですか。なかなか想像がつきませんけれども、ずっと果物の卸売り一筋ですか。

小玉　そうですね。

大熊　その間、ご苦労もおありだったと思いますが。

小玉　苦労というよりも、私は33年間、ぶどうとメロンの顔をずっと見つめてきましたからパッと見ると、このぶどうがどんな感じだとか、誰が生産したぶどうだなとかが分かるのです。ぶどうにはそれぞれ表情がありますよ。メロンにも同じように表情があります。

大熊　表情ですか。色とか形とか、そういうことではなくて、何かこう全体の雰囲気というか。

小玉　表情があるわけです。このぶどうは誰々さんのぶどうだろうなとか、いま出荷が最盛期を迎えているなとか、もう出荷が終わりかけだなとか、そういうことが次第に分かるようになります。

大熊　すごいですね。

小玉　逆に言うと、ぶどうを見ると生産者の顔が浮かんでしまうので、販売しづらい面もありますが、楽しいですよ。

大熊　ということは、やりがいに繋がっているということですね。

小玉　そうですね。職人さんみたいなものですから。メロンとぶどうに関しては、ずっと見てきたという自信がありますね。

大熊　なるほど。生産者の方も小玉さんを信頼されて、ずっと堅い絆で結ばれてきているわけですね。

小玉　もちろん生産者の方は私を信頼してくれていますし、私も生産者の方にできるだけいい情報をお渡しするようにしています。やはり消費者ニーズに合ったものを作っていただかないと消費者の方々に買っていただけませんから、できるだけ消費者ニーズを直接生産者の方にお伝えするようにしています。

大熊　なるほど。販売と生産の窓口を担当されているということですね。

小玉　ところで、大熊さんは随分お若いですね。「フレッシュおかやま」をされていたということは、おそらくまだ20代前半とか。

大熊　はい、そうです。小玉さんも本当にお若いという か、柔らかい雰囲気でとても安心感があります。

小玉　そうですか、ありがとうございます。私の娘が大熊さんと同年代で、だから話しやすいのかもしれません。

大熊　それでは親子のような感じで、楽しく進められそ

うですね。私は「フレッシュおかやま」の仕事で、岡山の青果物を全国にPRしていました。関東や関西のいろいろなところに行って、岡山のフルーツを食べていただいたり、市場に出向いて宣伝をしたりしていました。

小玉　市場で親父さんみたいな方々に「いかがですか」と薦めていたわけですね。伊原木県知事も行かれたのではないですか。

大熊　よくご存知ですね。実は私、県知事と一緒にマスカット・オブ・アレキサンドリアの初競りを見るために東京に行きました。

小玉　ということは、去年の初出荷が5月27日か28日だったと思いますから、その頃ですか。

大熊　その通りです。

小玉　マスカット・オブ・アレキサンドリアの初競りはいかがでしたか。

大熊　ご祝儀価格が飛び出しまして、一箱がすごい額になりました。

小玉　確か2万円くらいじゃなかったですか。

大熊　そうです。

ないかな。

小玉　岡山だと大体1万円。1万5000円まではいかないかな。

大熊　「フレッシュおかやま」の仕事で、少しは青果物のことを学んできて、フルーツ博士の小玉さんと一緒にタッグを組めるというのは本当に運命的ですね。

小玉　運命的ですか、素晴らしい言葉です。

大熊　担当する私自身、楽しみにしていますが、番組を始めるきっかけは何だったのでしょうか。

小玉　実は先ほど還暦を迎えたと言いましたけれども、33年間フルーツと関わってきていて、私が持っているフルーツの知識を、ラジオをお聞きの皆さんにお伝えしたいことがまず一つあります。そして、皆さんは、フルーツの文化や歴史、それから特性といったことをあまりご存じない。特に「果物王国おかやま」と言われているように、地元の誇れるフルーツを生産している県なのに、そのことをくわしくご存じない。もっと知っておいていただかないといけないことがたくさんあるのではないか。そう思って、この番組を作ろうということになったわけです。元「フレッシュおかやま」の大熊さんが担当してくださるということで、番組も大変盛り上がっていくと思いますよ。

大熊　小玉さんからフルーツの話をたくさんお伺いできるということですね。

小玉　もちろんです。そして、私だけじゃなくて、農業に詳しい大学の先生とか、生産者の方々もお呼びして、フルーツ談義で盛り上がろうと思っています。

大熊　なるほど。でも、いろいろな果物の生産者の方がいらっしゃいますけれども。

小玉　生産の時期に合わせて、マスカットの生産者の方、ピオーネの生産者の方、桃の生産者の方、ちょっと変わったところではマンゴーの生産者の方とか、それからいま流行のシャインマスカットの生産者の方とか、挙げればきりがないかもしれません。どこまでできるか分かりませんが、果物に関する色々な方をお招きしたいと思っています。

大熊　旬の果物のお話をうかがうわけですね。

小玉　果物の紹介をしながら、こうやって食べたら美味しいとか、こういう状態のものを選んでくださいといったことですね。生産者の方には、どういったご苦労がおありなのかといったことをお聞きしたいと思っています。マスカットも単に植えているだけではありません。根が伸びすぎると切るとか、いろいろな作業があります。そういった細かいことまでお聞きしながら、どうやって果物ができているかを皆さんに聞いていただきながら、番組を進めたいと思っています。

小玉 そろそろ果物の話をしたいと思いますが、大熊さんは、江戸時代にはどんな果物があったと思われますか。

大熊 江戸時代ですか。柿とかみかん、西瓜はあったと思います。

小玉 その通りです。江戸時代というと、柿、みかん、西瓜。それらがメインの果物だと思います。この時代は、実は「地産地消」の時代です。江戸時代は船による流通です。汽車なんてまだありませんから、流通にとても時間がかかっていたわけです。ですから、ほとんどの果物が「地産地消」でした。

大熊　地域で取れたものを地域の果物屋さんが売っていたということですか。

小玉　果物屋さんで売っているというよりも、物々交換とか、要するに自分で作って自分で食べるわけです。品種改良が行われて今日のような素晴らしい果物ができたのは、この100年くらいの間のことです。品種改良が次々行われて、素晴らしい果物ができた。特に日本の果物というのは見た目もりっぱじゃないですか。

大熊　本当にそうですね。

小玉　そういう意味では、世界的に見ても価値観の高い果物ができています。

大熊　100年くらいの間で、現在の日本の果物文化ができたとおっしゃいましたけれども、それはどのように進んでいったのですか。

小玉　実は日本の果物文化を語るうえで非常に重要な場所がありました。それが東京の新宿御苑です。ちょうど新宿の伊勢丹の南に大きな公園がありますが、明治時代、そこに初めて農業試験場ができて、そこから品種改良が始まりました。

大熊　新宿御苑の農業試験場で、果物の味がどんどん良くなったわけですか。

小玉　味というよりは品種が増えました。それ以前の江戸時代には米作中心で果物の品種が少なかったのです。日本は明治に入り積極的に西洋文化を受け入れました。そのひとつがイギリスの果物の品種改良を行う文化でした。当時、貴族院に属する特権階級の間で、自宅に温室を作り果物の品種改良を競い合うことが流行しました。そんな趣味的な行いから日本の果物の品種改良が始まり、果物文化が始ったのです。

大熊　貴族の方々の社交的な遊びから始まったわけですね。

小玉　ここからはメロンの詳しい話をしてみたいと思います。

大熊　メロンはお得意だと伺っていました。スペシャリストとお呼びしてもいいと。

小玉　33年間、メロンの卸売りをしていますので、年間に3回もしくは4回は品評会に行きます。そこで大体40切れか50切れくらいメロンを食べています。

大熊　お腹がゆるくなりそうですね。

小玉　今まで食べたメロンの量は、いま電卓がないのですぐに計算できませんが、かなり食べています。その中にも思い出に残るメロンというのがあります。今までに、その品評会で食べたメロンで、頭の中に染みついていますね。これは本当に美味しかった。半端じゃないくらい美味しかった。甘くて、舌の上でとろける感覚って、お分かりになりますか。舌の上でとろけて何も残らなくなります。その後に香りがふわっとして。このメロンが頭の中で最高のメロンとしての目盛になっています。絶えずそれと比較しているような気がしますね。メロンとかマスカットというのは、大体果物屋さんの棚の一番上に並んでいるじゃないですか。

大熊　はい。高級フルーツの代名詞ですから。

小玉　結局そういうものは価値観というか、品がありす。品があってきれいで、なおかつ美味しいものが、果物屋さんの棚の一番上に並ぶものですよね。

大熊　なるほど。贈答品でいただいたりしますが、美味しいからとてもうれしいですものね。

小玉　ところで、大隈重信という方、ご存知ですか。

大熊　はい、総理大臣にもなられました。大隈重信がメロンに関わっていたということですか。

小玉　そうです。実は大隈重信は、昔は趣味で菊の品種改良をしていました。それから洋ランなどの花の品種改良をして、最後は何とメロンの品種改良をやり始めました。彼は「農業が仕事で、政治は趣味だ」と言っていましたね。

大熊　そうなのですか。

小玉　そしてメロンを食べると１２５歳まで生きるとか言っていたようです。彼はメロンの発展には非常に貢献しています。大隈重信や貴族の方々が花の蕾の会、「花蕾会」という会を作り、日本で初めてメロンの品評会を開催しました。もともと早稲田大学にある大隈重信の家で行ったと書いてありますから、現在の早稲田大学のどこかで開催したのだろうと思います。実は大隈重信は「早稲田」というメロンの品種を作っていて、それが優等を取ったと言われています。

大熊　そうなのですね。

小玉　それがおそらく日本におけるメロンの歴史の始まりくらいと思ってくだされぱいいでしょう。

大熊　そのメロンは今もあるのでしょうか。

小玉　私も33年間、メロンの品評をしているわけじゃないですか。どうしても、そのメロンを見てみたいじゃないですか。

大熊　そうですよね。

小玉　種を探しましたがありませんでした。もう日本にはないですね。

大熊　それでは、幻の早稲田メロン。

小玉　「早稲田」という品種が付いたメロンということですね。ところで、メロンの原種名は「アールス・フェボリット」と言います。大熊さん、「アールス」って何でしょうか。

大熊　アールス、アールス、あっ、人の名前。違いますか。

小玉　違います。アールスは英語で「伯爵」の意味です。

大熊　伯爵ですか。

小玉　フェボリットという言葉の意味は「好み」。「伯爵の好物」という名前が品種名になったのですよ。

大熊　そうだったのですね。
小玉　昔、イギリスで庭師の人たちが苦労して作ったメロンを、伯爵がいつも「美味しい、美味しい」と言って食べていた。だから「アールス・フェボリット」という品種名が付いたそうです。
大熊　知らなかった。
小玉　知らなかったでしょう。メロンという果物一つをとっても、それだけの厚い歴史があるわけですよ。逆に言えば、日本で品種改良されて、１００年の間にここまでになったということです。特に日本の果物は世界に類を見ない価値を持ったもので、それには今までの日本の文化が関係しているのです。
大熊　私、小玉さんに一番お聞きしたかったことがあります。実は海外旅行でバリ島に行った時、ぶどう、オレンジ、りんごを食べたのですが、日本で見るものとは見た目が全く違っていました。ぶどうは色が薄くて、とても小振りでした。りんごは本当に小さな姫りんごみたいで、ぶどうとは逆に毒々しいような色でした。オレンジは小振りでした。そのうえ、食べてみるとどれも味が全然違っていたのです。
小玉　どう違っていましたか。
大熊　南国だからオレンジは期待していましたが、酸っぱいのです。ぶどうは、もう口が曲がるくらい酸っぱい。りんごは風味も何もありませんでした。岡山育ちの私は、フルーツは甘いのが当たり前だと思っていました。
小玉　岡山の人って、意外とそういうところありますよね。
大熊　そうですか。
小玉　私も海外にたまたま行くことがあって、ヨーロッパやアメリカの果物を食べることがあります。要は彼らの味覚と日本人の味覚は随分違うのです。日本人は舌で味を感じる「点」が、例えば日本人が１００あるとするとイギリス人は60しかありません。それくらい味を感じる「点」が少ないのです。その代り彼らは鼻が高くて、空気はいっぱい吸い込めますから、香りに関しては結構敏感なのです。人種の違いがあって、日本人はどちらかというと味に関しては非常に敏感な民族なのです。東南アジアの人も日本人に近くて、東南アジア系の人は味には敏感です。その中においても日本人は古くから味に敏感で、例えば和食を想像してみてください。例えば刺身が出てきます。お皿の真ん中に何がありますか。

大熊　真ん中にメインのお魚があり、大根のつまがあり、大葉が敷いてあって。

小玉　真ん中に赤身の魚があって、横に白身の魚があって、その周りに菊の花とか、穂じそなどの飾りがありますね。そういう一つの器で、何というか、美を楽しむ世界になっているわけですね。なおかつ味も楽しむのです。日本人はひらめと鯛、同じ白身魚でも区別がつきます。

大熊　つきますね。

小玉　ところがアメリカ人に聞くと、区別がつかない。

大熊　そうなのですか。

小玉　区別がなかなかつかないと言った方がいいかもしれません。価値観が違うのです。日本人は、まず美味しさがきます。それからきれいさ、ナチュラルみたいなものがきます。そういう食の文化があったわけです、江戸時代から何百年も。鎌倉時代か、平安時代か、奈良時代くらいから続いてきたのかもしれません。だから日本の果物というのは、世界中を見ても類を見ない文化的発展をしたものです。要するにナンバー1ということです。

大熊　なるほど。

小玉　だから果物に関しては文化をかぎ分ける力を持っています。つまり目盛ですね。味覚とか品格とかをかぎわける独特の目盛を日本人はもっています。しかしながら、日本人自身がこれを誇りに思っていません。

大熊　そうですね。先ほど私も言いましたが、それが当たり前だと思っていましたから。

小玉　ですから世界に出ていく日本人は、ぜひ日本の果物が、これほど素晴らしいということを宣伝してほしいですね。そして今日、ラジオをお聞きの皆さんも、自分たちはとても優秀な舌を持っているということに、ぜひ自信をもってもらいたいと思っています。

大熊　そうですね。

大熊　小玉さん、楽しい時間はあっという間に過ぎてしまいましたね。

小玉　はい。

大熊　小玉さん、第1回目の放送いかがでしたか。

小玉　随分力んで、肩が凝りました。ラジオで話をするということは、こんなにも肩が凝るものかと思いました。少し早口で、お伝えしたいことをちゃんとお伝えできたかなという不安が半分あります。しかしながら、「フルーツ王国おかやま」で、こういった番組がスタートしたというのは本当に価値があることではないかなと思い、ある意味、始められてホッとした感じもします。

大熊　そうですね。果物だけの番組って、多分この番組だけですからね。

小玉　そうそう。普通の番組の中で果物の宣伝はありますが、果物に特化した番組は、おそらく日本で初めてかもしれません。おまけに「フレッシュおかやま」をされていた大熊さんがお相手なので話しやすいですね。プロ用語が出てきて分かりにくい部分があるかもしれませんが、皆さん楽しんでいただきたいなと思っています。

大熊　私もラジオ番組の担当は初めてなので、がちがちに緊張しましたが、小玉さんをはじめリスナーの皆さん、これからもよろしくお願いします。この「愛晴れ！フルーツ王国おかやま」の放送を聞いて、一人でも多くの方が岡山のフルーツのファンになっていただけるとうれしいなと思います。

小玉　そうですよね。

大熊　小玉さん、次回は早速ゲストの方が来て下さいますね。

小玉　次回はゲストをお招きして、この番組を盛り上げようと思っています。

大熊　吉備国際大学地域創生農学部の准教授の濱島敦博先生をゲストにお迎えして話をうかがおうと思っています。ゲストの濱島敦博先生は、どんな経歴の方なのですか。

小玉　濱島先生は香港に4年間くらいお住まいで、そこで結構果物を食べていたらしいです。現在は吉備国際大学で果物や農業に関する経営学の先生をしておられますが、岡山がどうしてフルーツ王国になったのかということを伺いたいと思っています。実は「初平」、初めての「初」に「平」という字を書きますが、岡山にたくさんある果物店の一つに、昔「初平」というお店がありました。そのお店がキーワードになって、岡山の果物が有名になったのではないかということを研究されている先生です。

大熊　なるほど。

小玉　だから面白いお話が聞けるのではないかなと思います。

大熊　いまお聞きしただけでも面白そうでワクワクしています。楽しみですね。この番組「愛晴れ！フルーツ王国おかやま」は、毎月第２・第４日曜日の10時からお送りしています。次回の放送は４月27日の日曜日、朝10時にお耳にかかります。お相手は大熊沙耶と、

小玉　小玉康仁でした。

大熊　次回も

小玉　**大熊**　お楽しみに。

大隈重信とメロン、盆栽

大隈重信は晩年メロンの栽培に凝り、大正9年ごろ自邸でメロンの品評会を開いている。大隈は、当時は貴重品で王侯貴族以外にあまり目にすることの なかったメロンを、スイカのように普及させ、一般庶民の食卓にも上らせたいと考えた。費用を惜しまずにいくつもの種を交配させて、ついには「ワセダ」とい う新しい品種を作り出したという。

大隈はまた盆栽も好み、少しでも葉の色が悪くなっているのを見つけると、すぐに植木屋を呼んで注意し、色が鮮やかなのを見ると植木屋の心遣いを誉めたという。

また大隈邸に伏見宮殿下を迎えて盆栽をご覧に入れた際は、殿下が“芽生え”から育てられた楓の盆栽をいただいて大いに喜んだという話も伝わっている。伏見 宮家からは、大隈が病に臥した大正10年の秋にも、名物“錦性の松”の盆栽が届けられている。最晩年になって重い病の床についてからも大隈は、文明協会に 関係のある一校友から贈られた台湾の胡蝶蘭を大層喜び、「いつ頃咲くだろう」と周囲の者に尋ねるのが日課であったという。皮肉なことにこの蘭が清らかな白 い花を初めて咲かせたのは、大隈が薨去(こうきょ)したその朝であったという。

大隈の温室

参考文献:『大隈侯八十五年史』、『大隈侯座談日記』
写真提供:早稲田大学大学史資料センター(2004年6月17日掲載)

愛晴れ！
フルーツ王国おかやま

第2回

初平が築き上げた Made in 岡山のフルーツ

放送日　2014年4月27日（日）

パーソナリティー　小玉康仁（小玉促成青果株式会社 社長）
アシスタント　大熊沙耶（元「ＪＡ全農おかやまフレッシュおかやま」）
ゲスト　濱島敦博（吉備国際大学地域創成農学部 准教授）

小玉　前回は日本のフルーツの歴史、メロンの歴史を振り返ってきました。

大熊　はい。

小玉　今回は、岡山のフルーツが海外でどのように評価されているのか、そして岡山がフルーツ王国と言われる、その所以について、ゲストをお招きして聞きたいと思っています。

大熊　今日スタジオにお招きしているのは、吉備国際大学地域創成農学部准教授の濱島敦博先生です。

濱島　今日は、今まで香港に住んでいた時のことや、いろいろなところに行って日本の果物、岡山の果物をたくさん見てこられた話を皆さんにお伝えできたらいいなと思っています。

小玉　ありがたいですね。

濱島　大学では農業経済を教えていますが、もう一つ専門がありまして、アジア経済も教えています。そういった関係で、外務省の研究員として香港に数年間滞在しておりました。日本の財務省の貿易統計では、香港は農水産物、これは加工品も入っていますが、日本の輸出先としてはずっと年間第1位です。

小玉　実際に香港では、果物王国おかやまのマスカットとか白桃とか有名ですよね。香港の人には、どのように思われていますか。

濱島　そうですね。白桃の話をいたしますと、品種まで知っている人が多いですね。岡山県庁のプロモーションに同行したのですが、買いに来られていたお客さんの中には「清水白桃はないのか。食べたらここまで汁がくる」と言っていた人がいました。

大熊　肘のところまで。

濱島　肘のところまで手で示して。「あの白桃はないのか」と言っていたのが強く印象に残っていますね。

小玉　いい話ですね。

大熊　そうですね。岡山の桃がそれくらい香港の人に愛されているわけで、とてもいいことですね。

濱島　桃自体は長野県の桃も山梨県の桃も、ほかの県の桃もありますが、多くの桃の中でも岡山の白桃というのは香港でも日本国内と同じように、少し上のランクとして認識されていると思いますね。

大熊　桃って結構デリケートな果物だと思いますが。

濱島　その通りで、日本国内も含めて、本当に輸送は難しいですね。いま香港に輸出されている白桃はほとんどが空輸です。

小玉　香港の桃の値段は大体いくらですか。

濱島　為替レートによって変わりますが、高くて一玉3000円くらい。

小玉　**大熊**　一玉3000円。

小玉　それでも清水白桃は欲しいと言って来られるお客様がいらっしゃる。

濱島　そうです。ただ残念ながら清水白桃の時期には、なかなか輸出されないようで、品種で言えば白麗とかおかやま夢白桃でした。それでもご存知の人は清水白桃と言われてきますね。

小玉　ということは、おそらく日本で食べられた経験があるのではないかと思いますね。清水白桃というのは、1年間のうちで収穫時期が10日ほどしかないですからね。最盛期の時期というのは5日間くらいしかない。

濱島　そうでしょうね。香港にはお金持ちが多いので、頻繁に日本に来ている人はたくさんいます。おそらく、そういう人はグルメで、神戸で神戸牛を食べて、岡山で清水白桃を食べて帰るということをしていると私は想像しています。

小玉　旅行先の果物を中心とした、岡山の観光誘致ですよね、アジアの皆さんに向けた。日本の果物は、私は世界一の品質を持っていると思います。ですから、そういう企画もこれからはありですね。

濱島　いまインバウンドが非常に注目されていまして、日本からモノやサービスを発信する、輸出するだけではなくて、日本に来て消費してもらうという政策です。そのインバウンドは当然岡山県庁もしっかりと考えていらっしゃると思いますが、おそらく果物ツアーという企画はいけると私は思っています。

小玉　世界広しといえどないですよ。果物ツアーをしましょうなんて。

大熊　そうですよね、本当。

濱島　日本でトップということは世界でトップということですからね。

小玉　ということは、必ず岡山に観光客が来ると。

濱島　いいですね。

小玉　東京のディズニーランドに飽きた海外の方とか、京都も行ってきた。次に日本を訪れる時に行くところといったら「フルーツ王国おかやま」と、こうなるわけですよね。

濱島　7月か8月くらいに来て、桃の農園やぶどう農園に行っていただき、倉敷や岡山で食事をして帰るというようなツアーですね。

小玉　最高。ということは農家の方も少し英語が話せないといけなくなりますね。

濱島　そうなるかもしれないですね。

小玉　ところで先生、ちなみにぶどうは、どんなぶどうが岡山からは行っていますか。

濱島　ピオーネ、シャインマスカット、瀬戸ジャイアンツ。マスカット・オブ・アレキサンドリアも多少は行っていますが、数はそれほど多くないです。

大熊　私も「フレッシュおかやま」の時に、いろいろな方の意見を聞くことがありましたが、最近、シャインマスカットの人気がすごいですね。

濱島　そうですね。私、香港は好きですが、香港人の舌は全く信用していません。香港で食通といわていれる芸能人が、このレストランは美味しい等といろんなところで情報を発信するので、フレンチからイタリアンのレストランに行ってみましたが、すべて甘いわけです。果物も同じ感覚で、同じ緑系のぶどうだと、瀬戸ジャイアンツよりもシャインマスカットのほうが香港では好まれるのです。要するに分かりやすい甘さと言いますか。

大熊　はっきりしている。

小玉　香りは少ないけれども、糖度的にはマスカット以上ありますからね。そして、果肉が非常に硬い。

大熊　そうですね。

小玉　私からすると、シャインマスカットの食べ方としては、そのまま食べるのもいいですけれども、刻んでサラダの上にかけても結構美味しいのではないかなと思ったりもしますね。

大熊　おおー。

小玉　要するに加工して食べると、新しい文化というか、食のレシピが生まれるような気がして。岡山のいろいろなところでフルーツパフェのようなことをしていますが、何か別の感覚でやっていただくと、シャインマスカットがもっともっと発展しそうだなという気がしています。みじん切りにして、パラパラ振りかけてもいいくらいのぶどうですからね。

濱島　私の知り合いの香港人の輸入業者がいるのですが、香港でも最大手の青果物の輸入業者と言われている人で、彼は「シャインマスカットはいくらでも売れる」と言っていますね。

大熊　普通のマスカットとシャインマスカット、実際どのように違うのですか。

小玉　品種的には、シャインマスカットの3代前にかけあわされているのがマスカットです。生まれた系図でいくとおじいちゃんがマスカットです。

大熊　ああ、はい。

小玉　日本のぶどうの多くはマスカットが最初にきて、その掛け合わせの掛け合わせとかにほとんどなっています。シャインマスカットはおじいちゃんがマスカット。

マスカットのいいところは香りが出る、それから粒が大きくなる。シャインマスカットは、香りはないとは言いませんが、マスカットに比べると少ない。それからさっき言ったように、非常に果肉が硬く、マスカットは少し柔らかいと思ってください。食べた後の香りは本当にマスカットのほうが上だと思います。あと前回もちょっとお話しましたが、日本人の美的感覚からいうと果物としての品格、品の良さはマスカットのほうが上。ただ、シャインマスカットは種無しぶどうで作っていますから、種がないという利点があります。

大熊　確かに種がないとお子様とか、お年寄りが食べやすいですよね。おまけに甘い。

小玉　岡山の昔の品種で、キャンベルというぶどうがあります。

大熊　聞いたことがありますね、キャンベル。

小玉　今は少ししか生産していませんが、岡山市の上道地区で少量作られていると思います。そのキャンベルなんて香りが最高ですよ。その代り食べるとぐじゅっと潰れます。中がぐにゅぐにゅしていて、酸味の効いたぐにゅ

キャンベル（岡山市東区桃枝月）

ぐにゅがありますが、皮の周りの果汁の量と香りだけはピオーネなどよりはるかに上です。それでもピオーネは食べて美味しいですからね。果汁も十分あって、食べて美味しい。これがピオーネの特色ですよね。そういった違いがちょっとあります。

大熊　はい。

小玉　岡山には、シャインマスカット、マスカット、ピオーネなど、いっぱいいろいろな品種のぶどうがありますが、やはりフルーツ王国だから同じシャインマスカットにしても、房作りだとか、美味しさだとか、一粒の大きさだとか、きれいさだとかは、全国で作られているものの中でも日本一です。

大熊　質の高いぶどうや桃が作られているということですね。

大熊　ところで、先生は普段はどんなことを教えられているのでしょうか。

濱島　私は農業経済学が専門分野で、メインは日本の農業政策とか、農地政策とか、そういった古典的なことを教えています。ただ、私が学生に話をしていて一番面白くて、学生も一番反応がいいのは、農産物の売り方とか見せ方といった話をする時ですね。昨今の日本の農業は、いろいろな問題を抱えています。後継者不足とか、耕作の土地とか、そういった問題がある中で、農家の方が、どうやって儲けていくのかを考えた時、これからは売り方とか見せ方を考える時代ではないのかと言われています。

大熊　確かにそうですね。いい果物、先ほどもお話がありましたが、岡山にいい果物があっても、それを伝える宣伝の仕方ですよね。

濱島　そうですね。パッケージングもそうですし、箱もそうです。そういったものが実は農産物は一番遅れているというか、少ない分野かもしれません。どんなものでも普通はパッケージング戦略があるわけですが、ある知り合いのデザイナーさんに聞くと、農産物ほどどこでも同じ物はないよねと。例えばホウレンソウを見たら、どのスーパーに行っても似たようなパッケージングじゃないですか。ＪＡの名前は違うかもしれませんが、透明のビニール袋で、緑や青の文字でＪＡ何とかと書いてあって、ホウレンソウであると。どのスーパーでも農産物というのはなぜか同じようにしか見えない。そういった時代がずっと続いているわけですが、おそらく今からは変化が起きてきて、個人農家や生産組織が、そういったパッケージングだとか売り方を考える時代になってくると思っています。

小玉　今までは高度成長時代で、ずっと右肩上がりが続いてきたわけです。すると農家には大量に全農に出荷してくださいということになり、出荷したものを市場に専属で行きますということで、その代り価格もちゃんと高く買ってくださいよという話で、今まではきていたわけです。ところが今はネットの時代、宅配便の時代です。かつての流通形態が崩れてきています。これからは流通の変わり目という時には不思議なことに必ず何か生まれてきます。

濱島　おそらく流通の変革が起こった時とか、インターネットといった新しい技術が生まれた時に、産地でも販売方法や出荷形態が明らかに変わってくるのではないか。歴史的に見て、そうではないかという話をしていました。

小玉　船による流通の時代、それからほとんど鉄道オンリーの時代、鉄道の駅からは荷馬車とかリヤカーとか、そういうもので各お店に運んでいた時代、それからトラック輸送の時代、トラック輸送でも産地から市場に行くものです。今は違いますからね。インターネットで産地から消費者への輸送が可能になったということです。

濱島　そういった技術的与件、条件が、相当産地の農家の行動に影響を与えていますよね。

小玉　このような変革があった時、文化によって流通が変わっていく時には、必ず新しい何か、新しい価値観が生まれてくるのです。

大熊　はい。

小玉　我々も商売をしていますから、そこのところは敏感に感じながら対応していかないといけないなと思っています。

濱島　岡山の果物の生産者の方々や生産組織の方に、い

マスカット・オブ・アレキサンドリア(岡山市北区富吉)

ろいろな知り合いがいますけれども、個人でどんどんする人もいらっしゃいます。そういう人はすごいなと私も尊敬しますが、その一方で岡山県全体を見ると組織の力とか産地全体の力とかが必要なのかなと思っています。産地全体で行動することと、個人で行動することのバランスが、今は非常に難しいところにきているのが日本農業の現状かなと思っています。

小玉　我々からすると、手間が掛からないぶどうや、温度をかけなくてもできるぶどうなど、簡単にできる品種はありますよ。それでもマスカットを作ろうと思うと、手間をかけて技術を磨いていって、技術の習得に10年くらいかかります。最低でも10年はかかる。

大熊　10年ですか。

小玉　技術の習得だけで。その前に木がそこまで生長するのに5年くらいかかる。ということは一人前になろうとすると15年くらいかかるわけですよ。いいものを本当に作ろうと思うと。その技術があるからこそ、逆に言えば、他のぶどうを作った時にも他産地よりもきれいで、立派で、品格があって、先ほど言ったように、より高級なものができる。それが岡山の果物の特色です。

大熊　生産者の技術を保つというか、ぶどうの質をずっと保ち続けることは難しくないですか。

小玉　そこが一番の問題なのです。さっき言ったように、あまり個人に走られると、一生産者のみしか流通現象が行われません。それを広く、皆で共有できるようにしていくという作業もやっていかないと、そういう文化が育たなくなります。

濱島　そういった技術がしっかりと伝承されるとか、またはそういったものを作る農家で代が替わっても継続されるかどうかというのは、一つはマーケットの条件なのかなと思います。小玉社長がおっしゃったように、きれいなぶどうを作るのはものすごく大変なわけです、手間がかかって。小さな段階から、きれいに間引いていかないといけない。きれいなぶどうを作るには、大変な労働力がかかる。ですから、それに見合うような市場価格がついて、販売先があるようなシステムを作らないと、どこかで技術というのは落ちていくのかなと思います。

小玉　それもありますね。

濱島　そういう点で、プロモーションとか、マーケティングというのが、これからの農業を、技術を維持するためにも必要なのかなと私は思っています。

小玉　ところで先生は、資料を集めていて「初平」という果物屋の研究をされているとお聞きしました。この番組をお聞きになられている方、特に若い人は全然知らないのではないかと思いますが、大熊さん、どうですか。

大熊　本当に。「初平」の名前を聞いて、江戸時代の人なのか、それすらも分からないので、教えてください。

小玉　岡山県を「フルーツ王国おかやま」とブランド付けができるほどにした、立役者の一人ではないかなと思いますが。

濱島　おそらくキープレイヤーの一人だったと思いますね。正直私が話すよりも小玉社長のほうが、よほど詳しいのではないかと思いますが、簡単に説明させていただきます。「初平」は、大正時代に岡山でできたフルーツショップの小売店です。東京の銀座に千疋屋という日本一のフルーツショップがありますが、「東京の千疋屋か、岡山の初平か」と言われた時代もあったくらいの、日本でトップクラス、本当にトップのフルーツショップが実は岡山にありました。岡山ではあまり知られていなかったようで、東京が最初で、昭和の中頃、戦後、１９７０年代くらいまで50年ほど営業されていました。本当に岡山でも知られていなかったようで、どうやって商売をしていたかというと、これは本当にフルーツ王国、果物王国おかやまの名をそのまま表していると思いますが、東京や大阪の著名人や有名人の注文を受けてから出荷するという、今でいうカタログ販売みたいな形式を戦前からやっていたと言われています。

小玉　著名人、ちょっと教えてくださいよ。

濱島　作家の谷崎潤一郎、日本画家の安井曾太郎といった方です。そうした著名人が、「初平」の桃を食べたい、「初平」のぶどうを食べたいと言って注文をしていたと。

小玉　おまけに、例えば著名な日本画家が絵を描くじゃないですか。そうすると岡山の桃が描いてあるわけですよ。

大熊　はあ。

小玉　そういう文化人の口伝えで評判になり、「岡山では品質のいい桃ができる」ということが東京あたりで評判になったわけですね。「初平」が面白いのは、お店だけでなく、農園も持っていて、そこで果物を作っていました。生産者であり、小売屋さんでもあったというのが本当のところです。自分の農園で、例えば桃が１００個できたら、10個しか出荷しない。

大熊　ほかの桃はどうするのですか。

小玉　捨てる。

大熊　捨てる。美味しい桃ができているのに。

小玉　だから、その中でも特に美味しい桃しか出さないというポリシーでされていた。味と見た目と香り。

大熊　すべてが揃った、味、見た目、香り。

小玉　今だったら信じられませんよ。１００個できて10個しか出さないわけですから。今でも確かに桃が割れたりすることがあります。中の芯だけが腐っちゃうこともあります。台風とかでちょっと木が揺すられると擦れて傷が入ることもあります、表面が。そういうことがあって、全部が全部は出荷できませんが、彼の場合は10個に一つ、それ以下かもしれません。20個に一つかもしれない。それくらい。

濱島 現代風に言うと、ブランド管理ですね。悪いものは出さない。本当にいいものだけを特定のお得意さんに買っていただくという。

大熊 その信頼がお客様にはすごく愛されて。

小玉 やはり、それが憧れですよ。

大熊 それでは、「初平」ブランドの桃ということに。

小玉 そうです。個人のブランドが確立したわけです。それで岡山ではこれだけ品質の高い桃ができるという地域ブランドも確立したわけです。

濱島 全国でもトップと言っていい、そういったブランド果物を、おそらく、その「初平」のような店が指導して作っていったわけです。そういった方々の努力というか、情熱と才能と努力があって、おそらく「果物王国」という言葉ができたと思いますね。

大熊 私、社会の教科書で、岡山は「果物王国」という言葉は見たことがあっても、どうして果物王国なのかは実際に今まで知らないままで、今の先生のお話で謎が解けました。

小玉 桃でも生産量は福島のほうが多いですから。

大熊 そうですよね、はい。

小玉 ぶどうもほかの県のほうが生産量は多い。マスカットという品種に限れば、岡山県が90%くらいを占めていますが、普通の果物でいうと、多分どの県よりも生産量は少ないです。しかし、『高級度という点ではどこにも負けません』というのが岡山の果物だと思いますね、私は。

大熊 なるほど。

小玉 「初平」以外にも、古くからの果専店、要するに専門店の方々が、かなりいらっしゃいます。そういう方々も「初平」があれほど売れるのだったらということで、切磋琢磨しながら、お互いがお互いのお客さんを持ちながら、このお客さんにはという思いで、岡山から全国に向けて送られたと思いますね。

濱島 そういう意味では、やはりモデルとなった「初平」の役割というのは、本当に大きいなと思いますね。「初平」の創業者は松田利七さんという方ですが、この方がまた面白い。明治生まれで、井原かどこかのご出身です。岡山で中学まで出て、中学卒業後は神戸に働きに行って、神戸の後は上海。そこから帰ってくるのかなと思ったら、何とアメリカでも本当の一流大学、スタンフォード大学に行っています。

大熊　スタンフォード大学。

小玉　とんでもないでしょ。

濱島　あの時代にスタンフォード大学に行っているって、すごいと思いますね。

大熊　聞かないです、本当に。

濱島　それで確か体調か何か崩されて卒業できずに帰ってこられて、帰ってきて大正時代に「初平」という果物店を開いたというか、始められた。非常に、何ていうのでしょうかね、普通の人ではないといいますか、飛び抜けた才能というのをお持ちの方だったのかなと思っていますけどね。

大熊　なるほど。

小玉　店をやめる時に、「気に入る桃ができなくなった、僕は。だから商売をやめる」と言ってお店をたたまれたという話を聞いています。

大熊　ああ、そうなのですか。じゃあ、今は、店は。

小玉　もうないですね。

大熊　どれくらい前に。

濱島　40年くらい前ですかね。

小玉　そうですね、38年くらい前ですね。私が小学生の頃には、おそらくまだあったと思いますから。

大熊　今日はゲストに吉備国際大学地域創生農学部の濱島先生をお迎えして、フルーツの話をいろいろ伺いました。本当に勉強になりました。先生は、これからどんな研究をされるのでしょうか。

濱島　先ほど申し上げたように、農産物の売り方とか、見せ方、伝え方に興味があるわけです。やはり私は、生産者や産地について、もっと考えないといけないと思っています。現代のニーズをマーケティング戦略で考えないといけない。そういった中で、個人も大事ですけれども、農村とか地域社会が維持できる形で農業というのを伝えていきたい。そのための方策というのは文化や歴史的背景が関係するので、そういったことをふまえて研究していきたいと思っています。

大熊 ありがとうございます。そのお話も機会があればお聞かせください。これからも、どんどん「フルーツ王国おかやま」の様子を全国に発信していきます。「愛晴れ！フルーツ王国おかやま」。この番組は毎月第２・第４日曜日の朝10時からお送りしています。次回は岡山大学農学部名誉教授でいらっしゃいます、岡本五郎先生にお話をうかがいます。

小玉 岡本五郎先生は言ってみれば、岡山で品種改良とか、生産指導を随分されている先生で、岡山で頑張っている農家が尊敬している先生です。作る情報は満載の先生ですから、そういったご苦労をちょっと聞いてみたいなと思っています。

大熊 次回も楽しみですね。お相手は小玉促成青果社長「フルーツ王国おかやま」の仕掛け人の小玉康仁さん。そして、大熊沙耶でした。また、次回をお楽しみに。

初平

岡山名産のモモ、ブドウ、ナシなどの果物を扱った老舗の名。1913年（大正２）、松田利七が岡山市北区内山下に開業した。「初平」は果物の栽培から販売までを一貫した新機軸の商法で成功した。岡山市北区横井に直営の果樹園を持ち、品種の改良の実験を重ね、岡山白桃の美味向上に貢献した。特に東京の各界の著名人に名声を得ていた。利七没後も営業を続けられたが、1973年（昭和38）3月、廃業した。

（岡山県大百科事典：山陽新聞社より抜粋）

愛晴れ！
フルーツ王国おかやま

第3回

努力と研究が育てた岡山の果実

放送日　2014年5月11日（日）

パーソナリティー　小玉康仁（小玉促成青果株式会社 社長）
アシスタント　大熊沙耶（元「ＪＡ全農おかやまフレッシュおかやま」）
ゲスト　岡本五郎（岡山大学名誉教授 農学博士）

大熊　皆さん、こんにちは。今日も始まりました「愛晴れ！フルーツ王国おかやま」。この番組は白桃やマスカットを代表とする「フルーツ王国おかやま」について、また、ラジオをお聞きのリスナーのあなたに、もっとフルーツが大好きになってもらおうという番組です。そして、この番組のメインパーソナリティーは、小玉促成青果株式会社社長の小玉康仁さんです。よろしくお願いします。

小玉　はい、よろしくお願いします。

大熊　アシスタントは、この間までJA全農おかやまで「フレッシュおかやま」を務めていた大熊沙耶です。さて、第3回目の今回は岡山大学名誉教授農学博士　岡本五郎先生をお招きしています。この後、岡本先生にはご登場いただきますが、小玉さんは、先生とは面識がおありなのですか。

小玉　先生とは今年初めてお会いしまして。それまでは、実は私がよく知っている生産者の方を通じて、先生のお話とか、すごい先生だよということをお聞きしていました。今年初めに先生とお酒を飲む機会がありまして。

大熊　いいですね。

小玉　そこで意気投合して。果物文化について一度何かできたらいいですねという話になって、たまたまこの番組ができたので、先生をぜひお呼びして一度お話を聞こうと、今日はゲストをお願いしました。

大熊　はい、楽しみですね。それではさっそく岡本先生にフルーツの話をしっかりお聞きしましょう。

大熊　今日、スタジオにお招きしているのは、岡山大学名誉教授農学博士の岡本五郎先生です。先生、よろしくお願いします。

岡本　はい、よろしくお願いします。

小玉　先生、番組の初回はフルーツの文化について、ラジオをお聞きの皆さんにお話ししました。前回は濱島先生に来ていただいて、フルーツの海外の流通の話をしていただき、おまけに先生の研究課題である「初平」のお話も少しお聞きしました。岡山の果物の歴史に関して、少しお聞きしたわけです。今日はいよいよ、岡本先生にご専門の岡山での果樹栽培を通じて、岡山の果樹の歴史に関しての、岡山の特徴とか、なぜ「果物王国」と呼ばれるようになったのかとか、そういったお話をしていただけたらと思っておりますので、よろしくお願いします。

大熊　文化、流通ときて、第3回目の今回、歴史とか栽培について、いろいろなことをお聞きできそうですね。本格的にフルーツを知るうえで、とても重要なことなので、私も勉強させていただきます。

岡本　そうですね。果物、ぶどうも桃も梨も柿も、それぞれの果物に文化があるということは、当然その栽培技術が大事なわけであります。その栽培技術が育まれてきた歴史、これは非常に大きいものがあります。

小玉　先生、岡山の気候は、果物の栽培に恵まれていると思いますが、かなり大きな要因の一つになっていますよね。

岡本　はい、その通りですね。果樹を作る場合には、いくつかのとても重要な条件がありまして、何よりも光が多いということ、逆に言いますと雨が少ないということがとても重要なのです。世界的に見ると日本は雨が非常に多く、特に夏前後の雨が多い地域です。

小玉　つまり梅雨ですね。

岡本　そうです。それが果物、果樹栽培にはとても大きな困難な条件になります。

小玉　日本の梅雨は果樹栽培にとって困難な条件ということですね。

岡本　大変困難な条件です。ですから世界的に見ますと、果物の大産地というのは必ず乾燥地帯です。逆に言いますと、米や野菜は作れないけれども、果物なら作れるところが大発展しています。

小玉　ああ、そうですよね。マスカットもエジプト原産ですものね。乾燥地帯のほうが適しているわけですね。

岡本　ワイン地帯などを考えると当然なのですが、それを岡山で作ることは大変難しいことであり、どうやって雨を克服するか。雨の直接の害は光が少ない、つまり成熟、甘くなる、あるいは着色するとか、そういったことが難しくなるわけですが、もう一つに病気になりやすいことがあります。

小玉　病気の問題ですよね。

岡本　病気の問題が非常に大きい。

小玉　ただ、日本には梅雨がありますが、その中で岡山だけは、なぜ果物がこれだけ豊富に作れる県になってきたのか。そのあたりのことも先生、お話を願えたらと思います。

岡本　そうですね。結局、岡山の気候の大きな特徴は夏の乾燥が強いということです。これは昔、塩田が発達したということからもよく分かることだと思います。それで、春から夏過ぎまでの雨量が日本の中では少ないところなのです。

小玉　岡山は。

岡本　瀬戸内海沿岸ですね。

大熊　晴れの国ですものね。

小玉　そうですよね。

岡本　ですから、他県では作りにくくても、岡山では作ることができたと。例えば山陰などと比べると圧倒的に条件が有利になります。しかしながら、もともと果物がたくさん取れていたわけではありません。明治時代の初期に日本が開国して、ヨーロッパやアメリカからいろいろな果樹が入ってきました。おそらくどの県も、果樹栽

培は魅力的な農業だったので取り入れたけれども、成功したのは岡山が一番でした。そういう経過があります。

小玉　岡山の地形的要件なども、かなり影響しているのでしょうか。

岡本　していますね。地形は瀬戸内海に向かって緩傾斜が発達しています。

小玉　なだらかに。

岡本　なだらかに南向きにね。

小玉　山からなだらかになっていますよね。

岡本　南向きになっていますよね。だから斜面が多かったということです。

小玉　南向きの吉備高原の斜面ということですよね。

岡本　そうです。ですから、平地は水田農業が発達したけれども、里山地帯、緩傾斜地の南向き斜面には果樹が入ってきたわけです。そこで大きく発展するのですが、岡山のぶどう、桃の大きな出発点は、明治20年前後に、マスカットのための温室、ガラス温室を建てたことですね。

小玉　私も普段はマスカットの卸売りをしていますが、津高に行くと原始温室というのが、国道53号線の岡山から津山に向かって行くと左側にあります。

大熊　それを原始温室というのですか。

岡本　その名前を付けていますね。それなどはまさに岡山県の果物栽培の出発点を示すものですね。

小玉　ちょうど石造りのハウスというか、小さな家みたいなものです。

岡本　昔は以前の姿で再現していましたが、今はアルミサッシに変わったので、当時の面影は少ししかありませんけれど。

小玉　ないですね。

岡本　津高にある原始温室は元の大きさで復元されていると思います。例えばマスカットの木が実際に植えられていますが、昔、木は温室の外に植えてあって、枝だけを温室の中に引き入れていました。そういった形で栽培されていたのです。

小玉　昔はそういう形で栽培したのですか。

岡本　明治の後半はそういう形でした。

小玉　そうでしたか。それは私も知りませんでした。

原始温室

岡本　その時代に、樽に植えて作ったりもしていましたね。

大熊　樽ですか。

岡本　ヨーロッパのぶどうを、マスカットもそうですけれども、栽培していたわけです。そして、それが東京の博覧会に出品されて優勝している。そういったことで、すでに全国に名を広めていたのです。

小玉　すごいですね。先生、今度は岡山の土壌に関してですが、やはり肥えた土のほうが美味しい果物ができやすいと思いますが、そのあたりはどうなのでしょうか。

岡本　はい。とても興味のある点ですが、岡山の土壌、特に県南の土壌は真砂土と言いまして、とても痩せた土なのです。

大熊　私の家の庭の土、真砂土ですけど、その土と同じと考えていいですか。

岡本　同じです。

大熊　そうですよね。

小玉　学校の運動場の土ですよね。

岡本　そうですね。岡山の県南の山を崩すと、ほとんどその土です。その土は家を建てる時とか、学校の運動場を作る時などに使っています。これが母岩です。見ての通りで砂に近い痩せた土です。この痩せた土で栽培するということは、そのままでは良くはありません。しかし、これを元に農家の人が上手く土作りをすると、ちょうどいい肥えた土に調節できるわけです。

小玉 水はけもある程度良くて、そのうえに肥料が入っている状態ですね。

岡本 それに堆肥を入れて、土に保水性とか肥料を留める力を蓄えていくと、果樹栽培にちょうど適した土になります。

小玉 根がずっと伸びていきやすくなりますよね。

岡本 そうですね。ですから、昔の狭い手作りの温室の中でぶどうの樹を栽培する場合、肥えた土ではどこまでも根が広がって、むしろ木が強くなりすぎるのです。

小玉 そうです。温室から出てしまいますよね。

岡本 それを人為的に調節していたのです。

小玉 要するに根の範囲を調節することで、水とか肥料もその範囲で与えていって、作っていくというやり方ですね。

岡本 樹木としては大木になりにくい土壌だけれども、果樹、実をならす木にとっては枝葉が伸びすぎないほうがいいのです。

小玉 普通、つる系の植物を植えると、自分のテリトリー、エリアを増やそうとして、どんどん外へ外へと伸びようとするわけです。そのホルモンのほうが強いように思います。逆に木を弱らせることで、養分が実のほうにいくようにしているわけです。

岡本 コンパクトな樹形になることが大きな特徴です。例えば生産量、収量からいうと決して多くはないけれども、品質的に非常に優れるわけです。そういう方向に働く土壌なのです。これが岡山で、今も品質のとても高い果物ができている、その素地になっていると思います。

小玉 ということは日本全国、世界から見れば梅雨という非常に大きなハードルはあったけれども、日本の中では大変天候にも恵まれ、南向きの斜面にも恵まれ、なおかつ土壌的にも痩せた土だったからこそ、逆に改良できて、ぶどうの木に合った栽培ができる条件が岡山にはあったということですね。

岡本　おっしゃる通りだと思います。そういうことですね。ですから、努力すればするほど。

小玉　いいものができる。

岡本　美味しいものができる。たくさん取れるのではなくて、美味しいものが作れる。努力はそちらに結びついてくる。これが今になってみれば、とてもありがたい条件でした。

小玉　「フルーツ王国おかやま」は、やはりそういう条件がきちんと揃って、なおかつ人の努力が積み重なってできあがってくるということですね。

大熊　そうですよね。

小玉　すごいことですね。

岡本　そうですね。

小玉　それを明治以降ずっと、先輩の皆さんがずっとされてきたのでしょうね。研究とかも。

岡本　そうですね。当時の歴史を調べてみますと、岡山で果樹栽培を始めた、熱心に取り組んだ人たちは、相当レベルの高い人たちで、熱心にかつ学問的にも研究されながら広めていかれました。

小玉　そうですか。すごいことだね。大熊さんも知らなかったでしょう。

大熊　全然知りませんでした。でも本当に岡山の人たちって、すごくプロフェッショナルな取り組みをされてきたのですね。すごいですよね。

小玉　それともう一つは、逆に岡山に住んでいる人自体が、僕も含めてだけれども、やはりそういう歴史的なことだとか、果物王国になる絶対条件のようなことが、岡山には揃っていたと再認識できたと思います、今のお話を聞いてね。こういう大事なことは岡山人として、右の耳から左の耳に抜けるのではなくて、きちんと頭の片隅に残しておかないといけないと思いますよ。大切なことだと思います。

大熊　はい。

大熊　「愛晴れ！フルーツ王国おかやま」。今日スタジオには、岡山大学名誉教授農学博士の岡本五郎先生にお越しいただいています。先生は果物に大変精通されていますが、本を4冊も書いていらっしゃいますね。

岡本　はい。マスカット、桃、梨・柿、そして岡山のぶどうと。やはり非常に重要な、大きな産業でありますし、私は岡山の大きな文化だと思いますので、先人の努力をなるべく忠実に記録したいと思いまして、こうした本を作りました。

小玉　ところで先生、この本はどこかで販売されているのでしょうか。随分分厚くて、一冊が1・5センチ位あるような本をお持ちいただいていますが、中にはぎっしり栽培の歴史から技術的なことまで、果物のことが全部詰まっています。

大熊　そうですね。グラフや写真も載っていますね。

小玉　どこかで買える場所があるとか。

岡本　最近のものは個人出版で出していますから、たくさんの部数を持っておりません。県立図書館に揃えてもらっておりますので、そこでご覧になっていただくのがいいと思います。

小玉　そうですか。ラジオをお聞きの方も、一度こういう本に少しでも触れられると果物通だと言えるようになると思います。県立図書館で著者名岡本先生、岡大名誉教授で引けば、きっと出てくるはずなので、ぜひ行ってみていただければと思います。私もしっかり読まなきゃいけないと思っていますので、よろしくお願いします。ところで先生、前半は岡山県が果物王国になる要件として、気候、天候、地形のお話などをしていただいたのですが、おそらく先人が、先ほどの土作りとか、ハウス作り、栽培の方法とか、いろいろな部分で苦労されてきたと思うわけです。先生が本の中で、かなりいっぱいいろいろなことを書かれているのですが、ぜひそういう明治初期から大正時代にかけての、人のことについてもお教え願えたらと思っています。

岡本　はい。それはとても重要なことだと思います。明治になった時、皆さんご存知の通り、武士階級がその立場を失うという大きな変化があったわけです。その武士の何人かの人たちが岡山で果樹栽培に新たに乗り出すわけですね。

小玉　武士ですか。

岡本 自分で乗り出した人もいますし、農業塾を開いて周りの熱心な人たちに教育をしていった。そういった方が何人も各地にいます。

小玉 岡山の県内各地ですか。

岡本 はい。県内各地でありました。中にはお医者さんとか、お寺のお坊さんとか、そういう方も、地域の人たちがより豊かになるために果樹栽培を教える。あるいはその人たちが、いい品種を見つけてくる。そういう努力をなさっていました。そういった方のお陰で、例えば桃で言いますと、当時、明治の頃、土用水蜜という全国一のいい品種が見つかりました。

大熊 それは、どんな桃ですか。

小玉 私も食べたことがありません。

岡本 白桃系ですね。白桃系の元祖です。それまでは中国から導入した水蜜という桃を栽培していたのですが、先ほど言いましたように、梅雨があることで大変苦労していたわけですね。梅雨があっても何とか作ることができる、岡山でも栽培できるものを見出していったわけです。こうしたことが、まずリーダーの人たちの大きな功績として残っています。

小玉 土用水蜜ですね。これも覚えておかないといけない。

大熊 そうですね。

岡本 最近までよくあった大久保は全国の代表品種でしたが、これも岡山の人が見出した桃です。

小玉 大熊さんは食べたことがないと思います。大久保白桃は、ちょうど我々が大学生の頃にいっぱいありましたよ。

岡本 昭和30年代、40年代に、全国的には最主力でした。ただ、岡山では白桃という素晴らしい品種を、明治の末に見つけておりました。ですから、作りやすいのは大久保、難しいけど素晴らしいのは白桃ということで、ずっと進んでいくわけです。日本中の代表品種は岡山から出発しているという大きな事情がありますね。それも明治時代の人たちの貢献です。私が思いますに、当時というか今でもそうではないかと思いますが、その背景には専心農家、熱心な人たちのエリート意識というのが大きかったであろうと思います。普通の農業ではない、全く別格の特別な農業として果樹を作っているという意識です。そういう人たちの、とても強いエリート意識があり、皆で取り組むのではなく、自分で非常に努力して、研究して、試行錯誤して、いい方法を見つけていく。そういう形で進んでいるように思います。

小玉　そういうのが一番、岡山の技術発展の元になっていたわけですね。

大熊　その個人の技術は、どうやって広まっていくのですか。エリートの方がおられても、その方一人だと広まらないではないですか。

岡本　それは、その人の成功を、大成功を見て、我も我もと意識の、意欲の強い人が後を付いて行ったということでしょうね。先に組織を作るのではなくて、個人が伸びていき、それに追従していく人が出てくる。そうしてエリート集団としてのグループができていったと思います。

大熊　なるほど。

小玉　そのリーダーという、皆が目指す技術者がいて、皆がその技術者を目指して集まっていって、何らかのグループが形成され、それが今の生産団体、一つの出荷団体の元だろうと思いますね。何々町の何とかになって、それが東京に行った時に有名になっていくわけですよね。何々さんが作った桃だというような形でね。

岡本　その典型例がマスカットでありまして、明治の終わり頃に一つのエリート集団の会ができます。祖山会。

大熊　祖山会。

岡本　故郷の山の会と書きます。その会の人たちはエリート中のエリートです。その人たちだけがマスカットを作る技術を持っている。それぞれが工夫して栽培をしてきて、やがて10数名のグループを作り、以後は自分たちだけでマスカットを作るようになりました。できたマスカットも自分たちで販売します。そういう会が20年近く続く。結局、販路拡大まで自分たちでやっていくのは間違いありません。そのほかにも各地に同業組合、果実生産組合、そういったものが明治の後期から大正時代にはあちこちにできました。自分たちの力で果実を集めて、そして販売する。それは県外にも持っていけるような体制を敷いている。これが各地に自然発生的にできた。

小玉 ところで先生、祖山会を起こしたメンバーは、どの地域の方々ですか。

岡本 津高ですね。

小玉 やはり津高ですか。

岡本 津高ですね。

小玉 いま国立病院があるあたりの地域ですね。

岡本 それから。

小玉 岡山インターの。

岡本 原始温室のあるあたり。

小玉 あの辺りに祖山会が生まれて、プロ中のプロが集まって始めたのが、マスカットの発展の初段階なのでしょうね。

岡本 そうですね。

小玉 初段階のホップくらいところでしょう。

岡本 そうでしょう。それが日本中に有名になっていき、その後、いろいろな組織が追い付いていくという形になりました。農協組織とか全国組織とか、そういった形で発達するのは、もちろん戦後のことですから、それまで数十年間は自主的な組合でやっていたということです。

小玉 すごいですね。

岡本 東岡山地帯にキャンベル・アーリー、露地ぶどうのキャンベルが大発展します。これも自主的な出荷組合が各地にできました。鉄道便まで使っていた。

小玉 大熊さん、多分キャンベル。

大熊 そうです。食べたことがなくて。

小玉 どんなぶどうなのか。

大熊 名前は聞いたことがありますが、そのキャンベルというのは、聞く人が聞いたら懐かしいというぶどうなのですか。

岡本 それはそうです。

小玉 今は上道地区で少量は生産されています。

岡本 明治に入った時には、まだありませんでした。カトーバというもう一つ古い品種が先に入ってきているのですが、キャンベルは明治三十年頃にアメリカから導入されます。それには岡山の人が個人的に努力して、導入しているという経過があります。もちろん国としても導入していました。お盆の直前、8月の上・中旬くらいに出荷できるので、昔はお供えとして貴重だったわけです。

酸っぱいぶどうですが、完熟すれば甘味も乗ってきて、香りがあり、日本人好みだったと思いますね。

小玉　玉の大きさは今のピオーネとかよりも小さい。その小さいのをいっぱい食べた思い出がありますよ。出荷が始まると、ぶどうの香りが会社中に漂うわけです。その香りを今でも覚えていますね。

小玉　先生、先ほどマスカットの発展の過程の話をしてくださいましたが、桃もマスカットと同じような形で、東京とかに出荷されていったのでしょうか。

岡本　そうですね。白桃が何より人気だったわけです。栽培も難しかったでしょうが、上手に作れる人には、それはとても価値の高い果物で、大正時代には東京まで持っていっています。

小玉　大正時代に東京ですか。

岡本　大正時代です。明治34年に鉄道が東京まで開通して、その頃から個人的に東京に持っていって、デパートなどで特別な値段で売られていました。それが大正時代に入ってからは県が推進して、白桃フェア、今で言えばそういう形で持っていくわけですね。それで知名度がぐんと上がりました。

小玉　大正から昭和の頭にかけて、ここが一つのポイントになりますね。

岡本　なりますね。

小玉　先生のお話をお聞きしていると時間が過ぎるのが大変早くて、あっという間にもう時間いっぱいになりました。今日は岡山がなぜ果物王国になったかということについて、気象的や地形的な要件に関する点と、先人の努力の点から、岡本先生にお話していただきました。本当はもう少しお聞きしたいのですが、今日は時間がありません。そこで、次回も是非ご出演をお願いできたらと思っています。

大熊　私ももっとお話をお聞きしたいと思っています。先生、いかがでしょう。

岡本　はい、よろしゅうございます。

小玉　ありがとうございます。もっとお話を聞かせていただけるということで、先生、次回もよろしくお願いします。

大熊　次回もより深いフルーツのお話が岡本先生からうかがえそうです。「愛晴れ！フルーツ王国おかやま」。この番組は毎月第２・第４の日曜日、朝10時からお送りしています。お相手は大熊沙耶と、

小玉　小玉康仁でした。

大熊　次回も

大熊　小玉　お楽しみに。

愛晴れ！
フルーツ王国おかやま

第4回

技術の集積がおいしいフルーツを誕生させる

放送日　2014年5月25日（日）

パーソナリティー　小玉康仁（小玉促成青果株式会社 社長）
アシスタント　大熊沙耶（元「ＪＡ全農おかやまフレッシュおかやま」）
ゲスト　岡本五郎（岡山大学名誉教授 農学博士）

大熊　早いもので5月もそろそろ終わりですが、いかがお過ごしでしょうか。今回、スタジオにお招きしているのは前回に引き続き、岡山大学名誉教授、農学博士の岡本五郎先生です。今回もよろしくお願いします。先生、今回はどんな話をしてくださるのですか。

岡本　戦後から今に至るまでに、新たな技術や品種が生まれたことで、岡山の果物は大発展いたします。今回は、その経過についてお話しようと思います。

小玉　「フルーツ王国おかやま」が、ホップ、ステップからジャンプするところですね。

岡本　そうです。まず技術が大発展していきます。技術改革は実は戦前から始まっていて、岡山県の農事試験場、現在の農業試験場ですが、当時の農事試験場に大崎守先生という方が赴任されます。この方が岡山のマスカット作りや、露地ぶどう作りに関して、いろいろな矛盾を感じられて、びしびし指摘されたのです。それがとてもありがたいことでした。

小玉　どんな矛盾を感じられていたのでしょうか。

岡本　はい。温室ぶどうで栽培が発達してきていますので、ひと口でいうと盆栽作りのような技術になっていたわけです。

小玉　はい、はい。

岡本　ぶどうという植物の性質を曲げに曲げて、温室に合わせる形で、あまりにも人為的な栽培をしていると。そのために木を悪くしている。

大熊　はい。

岡本　木の寿命を短くしている。できた果物もよくない。そういったことに気づかれて、指導されたわけです。この方は大変行動力がありまして、口だけではなくて、温室の土壌がどれほどおかしくなっているか、実際に分析して指摘されました。

小玉　要は絶えず肥料をやっていればいいものができると、どんどん肥料をやっていると土壌にチッソ成分やリンなどが多くなることがあります。その分析を当時からされていたわけですね。

岡本　とても異常が起きているということを、おそらく県内何百カ所もの土壌の分析をされて指摘されています。ほかにも温室の構造の問題で、温かければいいのではなくて、換気をして涼しくしなければ、いいものにはならないとか、木の作り方も、盆栽作りから自然の姿にしたほうがもっと真価が発揮できる。そういうことを指導されました。

小玉　要するに、その品種が持っている本来の性質をもっと引き出したほうがいいという話ですね。

岡本　その通りですね。そして、提言だけではなくて、実際に有望な若手の熱心な栽培家を集めて研究会を立ち上げます。

小玉　研究会を。

岡本　ご自分で。これは戦前のことですが、熱心な人たちが集まって、先生の指導を受けながら、自分たちで手分けしていろいろな実験をするのです。

小玉　要するに各地の生産者の人が集まって、自分たちの温室で実験をしていくわけですね。

岡本　そうです。そういうことが始まります。やがて戦争を迎えますが、戦後すぐに、それが再開されて、その後は経済連や県の援助がそこに入って、岡山県果樹研究会という大きな研究会が生まれます。そこでは温室ぶどう、一般の露地ぶどう、桃、梨などの部分があり、それぞれが栽培の研究を行い、とても大きな役割を果たしたのです。

小玉　生産者の人が、自分が栽培している果樹の会に参加して、研究したということですね。

岡本　そうです。そこに県の試験場の先生とか、普及所の先生とか、総力を挙げて技術研究を進めていきました。

小玉　ああ、それが果樹研ですね。

岡本　それが果たした役割というのは大変大きいと思いますね。

小玉　先生、結局、果樹研の研究で、一番大きな成果は何だったのでしょうか。

岡本　戦後、昭和20年、30年代は生産量が一番大事でした。だから、いかに結実を安定させるかですね。そのために枝管理、栽培管理、土壌管理、水管理、そして病害虫防除、そういったことに研究の目的は集中しました。しかし、40年代の後半からは、今度は量から質の変化が求められてきました。量をたくさん作るということから、美味しいものを作るという目標に変わったわけです。

小玉　そちらに行ったのですね。
岡本　この点でも、果樹研究会で研鑽された技術の役割は大変大きかったと思います。
小玉　「フルーツ王国おかやま」となる土壌のホップ、ステップのところですね、ここが。
岡本　そうですね。研究会には、その地区の代表的な農家の人が集まってきます。そして、その人たちが地元に戻ると、研修した技術が周りの農家に伝わっていきます。その結果として、それぞれの産地が競い合う形で技術が発展していったのです。
小玉　先生、ところで岡山のニューピオーネ、もともとはピオーネですが、ニューが付きました。このことについても、少し教えていただきたいと思います。おそらく、このピオーネの生育に関しても、果樹研のメンバーとか、農業試験場の人たちが苦労されているのでしょうか。
岡本　そうですね。昭和40年代後半から、先ほど言いましたように品質が求められる、美味しいものが求められ

加温ピオーネ（岡山県農業試験場）

るようになりました。その点で、キャンベル・アーリーという品種は十分ではなかったのです。岡山県以外の産地では、すでに巨峰という、大きな粒で、とても甘くて、美味しいぶどうが主流になっていたわけです。岡山はそれに乗り遅れていました。そこで目を付けたのが、マスカットと巨峰を親とするピオーネです。

大熊　子どもがピオーネですね。

岡本　そうですね。ピオーネはマスカットという高級品質を受け継ぐ、大粒の素晴らしいぶどうです。これに取り組んだのですが、実はピオーネというぶどうはとても栽培が難しいわけです。普通に栽培では実止まりが悪いのです、実がつきません。

小玉　要は房の中でぼろぼろ欠けたところができる、というふうに解釈してよろしいですね。

岡本　そうですね。私も随分研究しましたが、ピオーネは品種の特性として、遺伝的に種ができない、種ができにくい品種です。種ができないと実が大きくなりません。とても実が小さい、小粒にしかならないのです。そういう性質がとても強いものですから、そのままでは栽培が非常に難しかったわけです。それをどうして克服するかを、生産者の人、試験場の方、あるいは農業団体の方と、技術屋が総結集して研究を重ね、ホルモン剤を使って種無しの大粒種を作ることに成功しました。それが昭和50年代の前半のことです。

大熊　ホルモン剤で種がなくなったのですね。

岡本　そうですね。ホルモン剤と言いますが、ジベレリンという天然ホルモンです。自然に植物に含まれているホルモン。これをカビの1種に作らせて、抽出したものをぶどうの房に与えると、種ができなくても実が大きくなるという性質があり、それを上手く利用して生まれた品種です。

小玉　リスナーの皆さんも、ホルモン剤と聞いてドキッとされたかもしれませんが、実はジベレリンは、どのぶどうの中にも自然にあるホルモンです。男の人の身体の中には、もともと男性ホルモンがある、女の人の身体の中には、もともと女性ホルモンがある。そういう感覚でいいと思います。つまり安心してくださっていいわけです。それを花というか、小さい実のうちに付ける作業をします。

岡本　昭和30年代に山梨県を中心にデラウェア、小粒の赤いぶどうですね、その種無しに、ジベレリンを使って成功していました。デラウェアの成功を元にして、岡山の人がピオーネのような大粒ぶどうに応用する技術を考え出したわけです。とても大きな技術開発であり、ピオーネはキャンベルが商品性を失いつつあった時の救世主となったのです。

小玉　昔は、マスカットがあり、キャンベルがあり、というのがパターンでした。キャンベルが消費者離れを起こした時に、その救世主として、マスカットをベースとするピオーネが出てきたということですね、先生。

岡本　実は申し上げていませんが、それまでにも大事なことが2、3点あります。

大熊　全部教えてください。

岡本　まず一つは、先ほどの大崎守さんが、ぶどうの枝の育て方、整枝法と言いますが、その方法を確立されました。枝の配置を改善し、一直線に枝を伸ばして、毎年同じ位置に果実がなる、そういう整枝法を確立してくだ

加温ぶどう（岡山県農業試験場）

さいました。

大熊　それまではバラバラだったのですね。

岡本　バラバラでした、傘状に広げた作り方から一直線の整枝法に改善されて、それが確立されました。この方法はキャンベルで実施され、ピオーネ栽培の時に上手くフィットしたのです。2点目はビニールフィルムの起用です。昭和30年前後に、農家の人がものすごい工夫をして、いわゆるビニールハウスを自分たちの手で作りました。当時新しい、期待のぶどうだったネオマスカットを栽培するためです。この品種はとても病気に弱い。そこで、竹を割って支柱にして、それにフィルムを載せて天井にした、手作りのビニールハウスを作っていました。

小玉　先生、ビニールハウスを使うと、栽培にどんな利点があるのですか。

岡本　雨が当たらないので、病気にかかりにくい。そして、開花期に低温になっても保温ができるため、実止まりが安定する。この二つの大きな利点があります。さらに昭和40年代になりますが、東岡山の農家の方がトンネルメッシュという方法を生み出しました。ぶどうの枝の元、つまり花がつくところだけを一直線にビニールフィルムで覆うという部分被覆の方式が、農家の方のアイデアで生まれました。そして。

小玉　まだあるわけですね。

岡本　もう一つ大進展があります。これもピオーネの栽培開始の時期にぴたりと合った話です。当時、栽培しているぶどうのほとんどが、ウイルスに感染していることがすでに分かっていました。植物ウイルスですね。ぶどうのウイルス病は5、6種類ありますが、その中の2種類くらいを重複感染すると、明らかに品質が悪くなります。甘くならないとか、着色が悪いとか、いくつかのタイプがあります。

小玉　ウイルスと言われると、一般の方は随分危ないものでないかと思われますが、ウイルスに感染したぶどうは食べても人間には害はありません。

岡本　全く問題ありません。植物ウイルスなので、影響は植物自身が受けます。そのことが分かっていたので、ウイルスに感染していないぶどうを作りたいわけです。そのための技術開発が、いわゆるバイオテクノロジーのスタートになったわけです。バイテクという言葉が頻出し始めたのが昭和50年代からですが、農業試験場でバイテク技術を使ってウイルスを除く研究を一生懸命されました。

小玉　すべてのぶどうに関して、岡山の農業試験場でウイルスを除く研究、ウイルスフリーの研究をされていたわけですね。

岡本　そうです。それは科学における世界的な挑戦で、国内では山梨の果樹試験場が取り組んでいました。岡山は岡山で独自に研究をしていました。そして、この研究が成功して、ウイルスフリー、ウイルスを持たない苗を作れる体制が、昭和60年代に完成します。それがピオーネ栽培の直前でした。

大熊　すごいベストタイミングですね。

岡本　まさにベストタイミングです。岡山県中に広まったピオーネの栽培面積は、今では800ヘクタールを超えます。

小玉　岡山県は1000ヘクタールを目指しています。

岡本　そのピオーネの苗は、ほとんどウイルスフリーです。ウイルスに感染していませんから、ウイルスのせいで着色が悪いとか、糖分、甘味が乗らないとか、そういうことがありません。ひと通りの技術で、すべてが当てはまるものです。したがって、生産される果実も非常に揃ったものができます。従来からいえば、本当に画期的な躍進で、これが岡山のピオーネの大きな強みの一つですね。

小玉　経済連の方や農業試験場の指導員のお陰で、ピオーネの苗木がたくさんできてきました。そのことから岡山県が10年ほど前に、岡山県内全域にピオーネを普及させようとしました。その話も先生にちょっとお聞きできたらと思います。

岡本　非常に大事なことだと思います。平成に入る頃、当時タバコの栽培が価値を失っていきつつありました。タバコ作の後にピオーネが有望な農業種目だということで、県の中部に広まっていきます。高梁、新見のあたりずっと、大産地に発展していきます。それが平成の初期

加温ピオーネ（赤磐市赤坂町）

ですから、もう20年を過ぎたところです。

大熊　そうですね。

岡本　岡山県のピオーネ栽培の全体から言いますと、いまはそのあたりが主力の生産地になっています。

小玉　そうですよね。

岡本　一方で県南では、温暖化が進んで夏が非常に暑い。秋までも暑いということで、着色がなかなか進みにくいため、さらなる新品種の展開が求められたという事情があります。中部の農業地帯の方々も新たにぶどうに取り組んで、ピオーネの栽培を始められていますが、非常に熱心でレベルの高い方が多い。取材して回りますと感心するくらい勉強をよくされて、また、植物を見る目が深い方がたくさんおられます。そういう方々がリーダーになって、産地として安定して広まっています。大変いいものを生産されています。

小玉　岡山は「果物王国」でしょう。桃は今でもおそらく世界トップレベルだろうと思います。マスカットも、ぶどうとしては世界トップレベルの一つに入ると思います。キャンベルは時代のニーズに合わなくなりましたが、いまはピオーネに替わって、これがいま世界でトップレベルのぶどうです。この三つが揃って初めて、今の「フルーツ王国おかやま」を支えていると思います。新しい品種が出てきていますが、ベースはそこだと思います。

岡本 次々に新品種ができて、岡山で見いだされたもの、岡山で育種されたもの、それから全国版の品種もありますが、ほとんどがピオーネの技術で上手くいきます。瀬戸ジャイアンツ、紫苑、オーロラブラック、シャインマスカット、そういったものも、これまでのピオーネで培った技術がそのまま応用できるということで、他県で作っているものもありますが、技術レベルが非常に高いということは言えると思います。

小玉 技術の蓄積によって、ここまできているということですね。ところで先生、桃はどうですか。いろいろな品種がありますが。

岡本 明治、大正、昭和の初期と、白桃が岡山の一番の売りで、代表選手でした。ただ、これはなかなか栽培が難しい。作るのが難しい。天候に非常に左右されやすく、雨が多いと上手くできません。そうした大きな欠点があったわけですが、実はその白桃の中から、昭和の初期、一宮地区で非常に品質の良いものが見つかっています。

小玉 そんなに前ですか。

岡本 清水白桃と言います。

小玉 リスナーの方も食べていらっしゃる。

岡本 これも栽培はなかなか難しかったようです。どこでも作れるものではない。やはり、一宮地区の土地条件、地形条件が一番合っていたようで、この地区で清水白桃の栽培が盛んになりました。とても美しい果実で、非常に甘いということで、戦後、昭和40年位から大発展していきます。これが新たに岡山ブランドの白桃として全国で有名になり、主力品種になっていきました。昭和の終わりから平成にかけてのことですね。

小玉 ということは前回お話した「初平」は、ひょっとしたら清水白桃は売っていなかったわけだ。

岡本 どうでしょう。

小玉 品種的にはね。ということは、いまラジオを聞いている皆さんのほうが美味しい桃を食べているのかもしれないかもしれないですね。技術が発達して。

大熊　そうですね。

小玉　やはり技術が強いのでしょう。ぜひ若い人たち、その技術を学んでほしいと思います。マスカットにしても、生産者の方がだんだん減っています。そこで、今は後継者を育成するための、いろいろなシステムがありますから、若に人にトライしてほしいなと思います。

大熊　リスナーの方で先生のお話を聞いて、興味を持たれた方がいると思いますよ。

小玉　ぜひ持っていただいてね。もし分からないことがあれば、私に言ってきてくだされば、個人的にご紹介していきたいと思います。

岡本　そうですね。特に愛宕梨という大スターがありますよね。

ところで先生、岡山というと、あと冬の果物で梨があります。

大熊　ああ、愛宕梨。

岡本　これは昭和の初期に国の試験場が育種したことになっています。皆さんご存知のように2キログラムを超える、びっくりするような大玉梨です。

大熊　重たい、大きい。

岡本　実はそうなるとは誰も思っていませんでした。

大熊　そうなのですか。

岡本　岡山の梨農家の方が丹精込めて栽培をして、びっくりするような大玉梨が作れるようなったのが、昭和40年代の後半です。それは全く個人の努力です。努力というか、個人のセンスというか、そして栽培の努力ですね。いい枝を育てる。どの部位に実がなると立派になるか、そこまで見抜くわけです。

小玉　そういったところまで。岡山の果物の歴史を見ると、やはり一人の研究熱心な農家の方がいらっしゃって、その人がどんどん突き詰めていって、そこから生まれた技術があって、その技術が横に少しずつ広がっていって、産地形成がされてきて、現在の「フルーツ王国おかやま」を支えているというのが分かりますね。結局、そこなのでしょうね。

岡本　そう思います。あの時代に、あそこに、あの人がいてくれたからというのが、たくさんありますね。それが岡山の果物の歴史でしょう。

小玉　大熊さん、リスナーの方もこういう話は聞いたことがないと思いますし、先生もこういう講演はされたことないでしょう。

岡本　ないですね。いい話題をお話できました。

小玉　岡山のラジオの番組で、こういった内容のお話をされたのは初めてだと思います。本当にありがとうございます。

大熊　あっという間に時間になってしまいました。2回にわたって岡本先生にお話を聞きましたが、私、当たり前のように岡山の果物を食べていましたが、先人の方の努力の上に発展していった、本当に素晴らしい果物を食べていたわけですね。

岡本　おっしゃる通りです。岡山の皆さんは、先人の恩恵があり、その後の技術改革によって、新品種の果物を食することができています。やはり私は世界一のぶどう、世界一の桃、世界一の梨が岡山で作られていると思います。十分味わっていただきたいと思います。

小玉　岡本先生のお話をお聞きして、我々の大先輩の方々が苦労してきたことが大きいと思いますね。この番組を通じて、「フルーツ王国おかやま」が成り立っていけば素晴らしいことだなと思います。

大熊　先生には本当に素晴らしいお話を聞かせていただきましたが、もっと詳しく知りたいという方は、先生が書かれた4冊の本が県立図書館にありますので、ぜひ読んでみてください。今日スタジオにお招きしたのは、岡山大学名誉教授、農学博士の岡本五郎先生でした。本当にありがとうございました。

岡本　ありがとうございました。

＼愛晴れ！
フルーツ王国おかやま／

第5回

岡山で
驚きのマンゴー栽培

放送日　2014年6月8日（日）

パーソナリティー　小玉康仁（小玉促成青果株式会社 社長）
アシスタント　大熊沙耶（元「ＪＡ全農おかやまフレッシュおかやま」）
ゲスト　神宝貴章（株式会社神宝あぐりサービス 代表取締役）
大塚美貴（株式会社神宝あぐりサービス 農園長）

大熊　小玉さん、6月といえば旬はマンゴー、メロン、さくらんぼ。私の大好きなフルーツの季節です。そして今回は、その旬を迎えるマンゴー農園に伺ってお話をお聞きします。その農園は瀬戸内市の緑に囲まれた神宝農園でマンゴーづくりをされている株式会社神宝あぐりサービス代表取締役　神宝貴章さんと農園長の大塚美貴さんです。

小玉　なぜこの瀬戸内市でマンゴー栽培を始められたのですか。

神宝　今までずっと畑の管に水を通す「畑管」という設備工事をさせていただいていました。しかし近年、高齢化と担い手不足から農業が衰退してしまい、せっかくの「畑管」設備が使われなくなってしまいました。そこで我々の工事した「畑管」を使って地域の農業を活性化したいと考え、マンゴー作りに挑戦しました。

小玉　以前から農地に管を通す作業を会社がやっていたんで、その技術を生かしながら、瀬戸内の農業に貢献したいということでマンゴーを選ばれたと。

大熊　若い方がすごい志を持たれているって、本当に素晴らしい。

小玉　ところでマンゴーを作られて何年になりますか。

神宝　温室自体は4年目です。

大塚　収穫を本格的に始めて今年で5年目になります。その前に2年くらいは苗を育てていました。

大熊　7年というのはマンゴー農園としてはまだ若いのですか。

神宝　若いと思いますよ。

小玉　宮崎のマンゴーが、その以前に流行りましたからね。

小玉　ところで神宝マンゴーには温室ハウスは何棟あるのですか。

大塚　いま3棟あります。

小玉　マンゴーの木は何本くらい。

大塚　700本くらいあります。

小玉　700本も植えて管理しているのですか。

大熊　確か一つずつが鉢植えでしたよね。

大塚　はい、80リットルの鉢に植えて管理しています。

小玉　80リットル。ということは1メートルくらいの大きな円形の鉢と思えばいいですね。

大塚　はい、そうです。

大熊　大きいですね。ところで農園でマンゴーの収穫はどれぐらいあるのですか。

大塚　今年は2万個の予定です。

大熊　2万個ですか。ちょっと想像がつかないですね。

小玉　そんなに取れるのですか。

大熊　何故、鉢で管理されているのですか。

大塚　宮崎などは地植えが多いですが、鉢植えだと管理もしやすく、要らない水とか余分な肥料も必要な分だけ吸収して、美味しいマンゴーになります。

小玉　要は水の管理も肥料の管理もできるので。

大塚　凝縮したマンゴーになります。

小玉　メロンと一緒で水の管理というのは大変必要で、水をきっちり管理することによって、食べた時の食味とか食感がまったく変わってきます。水をじゃぶじゃぶやると、細胞の一つひとつが大きくなり、どうしても食味が荒くなる。それで水を管理することで一つひとつの細胞が小さくなります。

大熊　じゃ、きめ細かい味になるのでしょうか。

小玉　その感覚が出てきます。そういう作り方を神宝さんのところはされているから食べた時、美味しいのです。

大塚　はい、美味しいです。

大熊　自信を持って答えていただきましたが、鉢植えで1メートルくらいの鉢っていうことは、マンゴーの木の丈はどれくらいですか。

大塚　マンゴーの大木は放っていたら、20メートル、30メートルまで伸びます。それで、下に引っ張ることで、上に伸びないよう管理をしています。

小玉　ということは一つの鉢が1メートルくらいあって、それから高さも抑えて作って、その分横に広げているわけですね。

大塚　そうですね。木の直径が3メートル位ですかね。

小玉　ところでマンゴーの木は地植えの場合、根はどれくらいになりますか。30メートルくらいですか。

大塚　幹も根も同じくらいの長さになります。

小玉　根は下に入っていきます。神宝さんのところは鉢植えだから、逆に言うと根がそこまで伸びませんね、鉢の中ということは水が完璧に管理ができるということですね。こういうのが重要なことですね。

大塚　そうですね。根にも制限をして、小さい根っこをいっぱい出し、そこから養分をいっぱい吸ってもらうことで美味しいマンゴーになります。

大熊　なるほど。

小玉　岡山は太陽燦々でしょ。瀬戸内は冬の温度も下がらないし、それでなおかつ温室。ということは温度もたっぷりかけて管理をちゃんとすれば宮崎に負けないマンゴーができる。こういうことでしょうね。後は管理技術です。神宝さんの温室に入らせていただく時に、靴を消毒してから入りますね。

大塚　病気など外部から侵入しないよう殺菌してもらっています。

大熊　虫なども付いたりすることもあるのじゃないですか。

大塚　はい。虫はつきものです。

大熊　そういう時にはどういう対策をされるのですか。例えば農薬を使われるようなところもあるのでしょうか。

小玉　いや、スリップスっていうダニのもっと小さな害虫がいます。

大熊　それは目に見えるのですか。

小玉　ほとんど目に見えません。マスカットでもそうですが、スリップスがくると葉をコリコリと食べたり、実をちょろちょろ食べていきます。神宝さんのところではどんな対策をされていますか。

大塚　はい、スワルスキーという天敵を食べてくれるかぶりダニを入れています。

小玉　小さなダニを食べるダニを入れて、農薬をあまり使わない栽培をしていこうということですね。

大塚　はい。

大熊　ここで作られているマンゴーの種類は何ていうのですか。

大塚　アーウィンという種類を作っています。

大熊　アーウィン。初めて聞きました。どんな特徴があるマンゴーですか。

大塚　日本人の舌に一番好まれるマンゴーです。

神宝　マンゴーはもともとすごく甘いイメージがありますが、このアーウィン、アップルマンゴーという種類は、甘味と酸味のバランスが一番日本人に適している味で、多分日本で一番良く食べられているマンゴーだと思います。

小玉　そうですね。アーウィンというのは非常に美味しいマンゴーです。普通のメキシコマンゴーとか輸入されたマンゴーに比べて、食べた後のドロドロ感がありません。酸味があって甘味が強い。そして内容的にも鉢植えだから実がぎゅっと締まっているという気がします。和食を食べた後のデザートにしてもさっぱりとして、結構日本人に受けるマンゴーです。特に神宝さんのところのマンゴーは、ほかのところに比べて甘味の度合いも強く、酸味が少しあります。これがやはり一番大きな特色だと思います。多分これは昼夜の温度差とか、根の管理がきちんと行われているからだと思います。

大熊　本当、聞くだけでよだれが出るくらい、食べたいです。

小玉　神宝さんの農園を伺った時に、水のタンクのようなものがありましたが、あれは何をするものですか。

神宝　はい。普通に畑管から通ってきた水を、あのタンクでｐＨ調整をして甘味と酸味のバランスを調整しています。

小玉　ということは、汲み上げてきた水を1度タンクに溜めて、機械を通してｐＨの調整を行っておられる。

神宝　はい、そうです。

小玉　その水をやることで酸味と甘味のバランスを絶えずコントロールしているということが神宝さんのマンゴーの特色ですね。

神宝　はい、そうです。

小玉　あと音楽も流れていましたね。

大熊　流れていたのは確かクラシックだと思ったのですが。

神宝　モーツアルトの音楽を流してします。モーツアルトの音楽って、人にストレスをかけにくくするというか、軽減する作用があるみたいで、農園を始めた当時からずっとモーツアルトの音楽を流して、美味しいマンゴーを作っています。

大熊　なるほど。

大熊　マンゴーって収穫ってどうするんですか。

大塚　完熟間近になったらネットをかけてあげます。自然に真っ赤になって、ネットの上にポトッと落ちたものを収穫します。

大熊　なるほど。じゃあ、地面には落ちないから傷とかは付かないのですね。どんなネットですか。

大塚　みかんの入っているネットをマンゴーに1個1個かけて落ちないようにしています。

大熊　それは大変な作業ですね。

大塚　手間を惜しまずするのが美味しいマンゴー、真っ赤なマンゴーになる秘訣です。

大熊　なるほど。ところで、そんなにたくさんのマンゴー、誰が管理しているのですか。

神宝　はい。大塚さんをはじめ、5人体制で、大体1500平方メートルの一ハウス、それが三つで大体4500平方メートルを順繰りに回って管理しています。

小玉　5人で各棟を管理されているということですが、3棟あって収穫の時期が違うのではないですか。先日、訪問させていただいた時は、一つはお花が咲いていた温室の棟があったり、小さな実がなっていた棟もあったり、それから出荷間際の棟もありました。

神宝　そうですね。一度に出荷するのではなく、棟ごと出荷をずらすように管理しています。

小玉　3つの棟を管理するのは大変な作業ですね。

神宝　さらに葉っぱは下に、実は上にという格好で太陽を浴びさせるようにしています。

大熊　すごいですね。太陽は上から当たりますが、太陽が当たっていない下部は色づきが悪くなるのではないかと思いますが。

神宝　普通は太陽に当てるだけだったら上のほうだけ赤くなります。スーパーマーケット等で扱っているマンゴーは、多分そうだと思います。うちでは一つ一つのマンゴーの下に白い厚紙のようなものを置き、太陽の光を反射させてお尻のほうまで真っ赤になる方法をとっています。

小玉　そこまで手間がかかっているのですね。2万個すべてに。

神宝　そうですね。

大熊　マンゴーのプロフェッショナルですね。

小玉　温室の温度は何度くらいあるのですか。

大塚　夏は最高で50度近くなります。

大熊　50度ですか。倒れそうですね。

大塚　慣れちゃうんで。

小玉　やはりすごい。

小玉　マンゴーの実が完熟すると、ポトッという音はするのですか。

大塚　「ぽとっ」、「ぽたっ」というような音がします。

神宝　大塚さんはマンゴーを見ただけで、これが落ちるというのが大体分かりますか。

大塚　はい、分かりますね。

小玉　マンゴーが落ちそう、落ちそうって言っているのかも。

大塚　そう言っています。熟れたよって。

大熊　完熟マンゴーは買ったらすぐに食べられるということですか。

大塚　買ってすぐ食べられますし、2～3日置くと酸味が消えてより甘いマンゴーで食べられます。また、冷蔵庫に入れると結構日持ちします。

大熊　冷蔵庫に入れると熟すのが止まるんですね。

大塚　そうですね。

大熊　桃のお話を聞いた時には、冷蔵庫に入れると甘味がぼけるのであまり冷やしすぎるとよくないというお話を聞きました。マンゴーは、そういったことはあるのですか。

大塚　そんなことはなくて、バナナのような黒い斑点が出てもすごく美味しく甘く食べられます。

大熊　なるほど。早目に食べたほうがいいけれど、2、

3日くらいは冷蔵庫で管理すると、より美味しくなると言うことですね。

大熊　いや、本当に早く食べたいです。どこで食べられますか。

神宝　はい。天満屋さんなどのデパートや、果物屋さん、神宝あぐりサービスをネットで検索していただくとネットからの購入もできます。

大熊　なるほど。いろんなところで神宝さんのマンゴー、食べられるということですね。

小玉　2万個ですから、ある意味、あっという間です。お早目に食べていただきたいと思いますし、いつからいつまで出荷されますか。

神宝　今年は、6月10日以降に出荷予定でお盆過ぎくらいまでが収穫時期になると思いますので2カ月程の期間です。

大熊　食べ方を教えて頂けますか。

神宝　マンゴーの種って、種が縦に向いています。

神宝　だからお魚をおろすのと一緒で、3枚におろしていただいて、骨を残すような格好です。実をこう3等分にしてもらい左右の実が食べられます。半楕円形みたいな格好になっていますが、それをこうえぐるようにしてもらえたら、よく広告で見るマンゴーです。

小玉　亀の甲羅のような。

神宝　家庭で食べる場合は、りんごの皮を剥くように皮を剥いて頂き、実を3枚におろし、食べやすい大きさに切ってくださいまた、種の周りは一番甘く、美味しいところです。

大熊　ところで神宝さんが思うマンゴーの食べ頃はいつでしょうか。

神宝　はい。いつ食べても美味しいですが、出荷して届いてからすぐ食べれば酸味がちょっと強く、さっぱりした味。1週間、もしかして2週間経てば、口に入れた瞬間溶けるような甘いマンゴーになっています。もし二つ、三つ買っていただけるようであれば、食べ比べていただいて、どの時期のマンゴーが自分にとって一番の美味しいマンゴーかと、食べ比べをしていただければと思います。

大熊　今日は、これから旬を迎えるマンゴーを育てられている瀬戸内市の株式会社神宝あぐりサービス代表取締役　神宝貴章さんと農園長の大塚美貴さんにマンゴの育て方や美味しい食べ方についてお話を伺いました。どうもありがとうございました。

愛晴れ！
フルーツ王国おかやま

第6回

マスカット奮闘記

放送日　2014年6月22日（日）

パーソナリティー　小玉康仁（小玉促成青果株式会社 社長）
アシスタント　大熊沙耶（元「ＪＡ全農おかやまフレッシュおかやま」）
ゲスト　平本純大（ぶどう部会 分区長）

大熊　今日は倉敷市船穂町でマスカット作りをされている平本純大（ひらもと　よしひろ）さんに話を伺います。

平本　はい、よろしくお願いします。

大熊　平本さんは何歳の頃からマスカット農園をされているのですか。

平本　仕事を始めたのは22歳からです。

小玉　こちらは親父さんの頃からずっとされていましてね。

大熊　なるほど。

小玉　平本さんは美味しいマスカットを作る生産者としては有名な一人です。

大熊　船穂町で作られているということは、その地域的に特徴があるからでしょうか。

平本　そうですね。やはり水はけも良く、日当たりが良い斜面で作っていますので立地条件がいいと思っていますす。今も継続して作っているのは、そのような栽培に適した環境があることだと思っています。

小玉　船穂町というところは、近くにに高梁川という一級河川が流れています。その西の山の南向きの斜面にずらりとハウスが並んでいます。先日、平本さんの温室を見学させて頂きましたが、あの温室の広さはどれぐらいでしょうか。

平本　あれで４５０坪です。

小玉　その温室の中に何本くらいマスカットの木を植えられているのですか。

平本　あの温室には23本植えています。

小玉　23本。それで何房くらい出来るのですか。

平本　房数は正確には数えていませんが、５~６０００房ぐらいだと思います。

大熊　一つの温室で5~６０００房ですか。温室は確か10棟ありましたよね。

平本　先日、見学頂いた温室はわが家の中で最も大きいハウスです。大小合わせて10棟ございます。だから収穫数はざっと5万房くらいはありますかね。

小玉　もちろん、いい物ばかりとは限りませんよね。マスカットはベテラン、名人だからいいものができるというふうには限りません。日当たりとか、木によって、まったく違いますよ。

平本　そうです。木によっても違いますし、立地条件によっても違うし、マスカットを収穫するのはなかなか難しいです。

小玉　おまけにその年の天候も影響します。

平本　長梅雨の年は植物にとって大切な光合成という、光のエネルギーから二酸化炭素と水からデンプンなどの炭水化物を合成し、酸素を放出するという一連の働きが出来なくなります。そうすると生育が止まってしまうこともあります。

小玉　そうすると粒が出来なかったり、糖度ののりが悪かったりしますね。

平本　開花時期にそうなると実がならなくなります。何でもそうですが、花が咲いて実ができますが、天候が悪いと実が付いても実が落ちる場合があります。そうすると房形が出来なくなります。

小玉　房の形が悪くなるということですね。

平本　そうです。バラバラになっちゃうともう目も当てられなくなります。

小玉　だから何万房できても、その中にはいいのから悪いのまでありますね。

平本　そうです。そこはいくらハウスでもお天道さん任せになります。

小玉　ただうちに出荷してくださるのは、その中でもいいものだけ出荷されているみたいですからね。ありがたいなと思っています。

平本　恥ずかしいものは出荷できませんよ。

大熊　ところでマスカット・オブ・アレキサンドリアの名前の由来はどこからきているのでしょうか。

平本　「ムスク（ジャコウ）」の香りに似ているとか言われて、そこからムスカット、マスキャット、マスカットになったと聞いています。

小玉　実は「マスカ」という古代ペルシャ語があり、これが「強い香り」という意味だそうです。

平本　そうですか。

小玉　マスカットは紀元前からの品種ですからはっきりしませんが、香りというのが名前の由来のポイントでは

ないかと思っています。そしてエジプトの港町のアレキサンドリアから世界に向けて出荷されていたのではないでしょうか。

大熊 ところでマスカット・オブ・アレキサンドリアって大変長い名前ですが果物を扱うプロの皆さんは略して呼ばれていますね。

小玉 僕たち果物を扱うプロの間では、「アレキ」と略して呼んでいます。岡山へ行くと今年のアレキは美味しかったって話しているとマスカットの本場だなって思われるのではないでしょうか。

大熊 マスカットというとアレキサンドリアを指すのではなくて、エメラルド色のぶどう全てを総称してマスカットと思っておられる方もおられます。

平本 それは悲しいですね。マスカットというと、やはり「アレキ」、「マスカット・オブ・アレキサンドリア」と言って欲しいですね。種無しのぶどうの緑色のぶどうもマスカットって思われています。残念ですね。

小玉　ただ、大抵の緑系ぶどうはマスカットの血を引き継いでいますね。例えばピオーネ、シャインマスカットもマスカットの血を引き継いでいます。日本で売られている大粒系のぶどうはほとんどマスカットの血を引き継いでいます。「アレキ」はそれくらい優秀な品種です。

大熊　そうですよね、すべてに入っていますね。

小玉　香り、甘さ、大粒、そして食感。これがプロの間では一番の品種だと思っています。だから2千年の時を経て受け継がれてきたのです。きれいでしょ。

大熊　そうですね。

小玉　実は目の前に、マスカットを置いてしゃべっています。

大熊　旬のマスカット、本当にきれいなエメラルド色ですね。

平本　きれいでしょ。これは今朝収穫したものです。

大熊　この芸術作品のようなぶどうを育てるためにどのような管理をされていますか。

平本　やはり温度管理ですね。わが家のぶどうは加温栽培で作っています、やはり温度管理、水管理というところに重点を置いています。

小玉　実はお盆くらいまでに出荷されるマスカットは加温栽培を行い、一番早いぶどうで12月から1月ぐらいにボイラーで温度管理を始めて、3月くらいまで続けます。

平本　そうですね。

小玉　そこで育てられたぶどうがお盆を過ぎるくらいまで店頭に並びます。そのような温室内の温度を意図的に上げて作ったぶどうを加温マスカットと言います。

大熊　何度くらいに調整されるのですか。

平本　その時々の一定時ごとに温度を変えていきますが、大体25度をキープしています。

小玉　一番早い温室はビニールを二重、三重にして温度調整をします。そうしないと寒い時期には温室の温度がどんどん下がってしまいます。

平本　人間と一緒で寒い時期には服を着込み、暑くなると一枚ずつ脱いでいきます。

小玉　その管理が大変ですね。

大熊　私が温室を見学させて頂いた時、不思議に思ったことがあります。丁度手を伸ばしたところにずらっとマスカットが実っていましたが、ぶどうの木はもともとあれくらいの高さですか。

平本　人間が作業しやすいように、身長に合わせて水平に木を這わせています。そして葉を上にして太陽を浴びるようにしていますし、下には堆肥と必要なだけの水をやるようにしています。

小玉　今の時期だと1週間に一度程度水を与えていると思います。水を与えすぎてもダメです。前々回、岡本先生が言われていたように、岡山は養分がなく、水はけの良い真砂土なので、その土に堆肥を入れて、すっと水が抜けるような土壌を作ります。そして必要なだけの水を与えて根の範囲を限ってやる栽培を行っています。さらにきれいな房を作るために何度かハサミを使って調整を行っています。

大熊　1年の作業手順をお聞かせください。

平本　ぶどう作りの1年のサイクルは、収穫が終わる秋にはぶどうの木は葉っぱだけになります。そして落葉果樹なので葉っぱが落ちます。落ちて来年の養分を木に蓄え、そこで初めて剪定します。剪定というのは、今年伸びた枝を切り戻して、来年に新しい枝が伸ばせる状況を作ってあげます。そこで、温室を加温していくと1カ月くらいで芽が出て、枝が伸びてきます。あまり伸びすぎるとぶどうに栄養が行かなくなるので、摘芯といって芽を止めます。そうすると花に栄養が回ってくるので、そこで初めて花の蕾を切り込んであげます。

小玉　花の蕾って10㎝くらいありますね。

平本　そうですね、樹勢によって違いますが10㎝、15㎝のものもあります。

小玉　それを切り込んでいくのですね。

平本　そうですね。大体8㎝から7㎝に切り込みます。マスカット、アレキはそういう作り方をします。それは大変細かな作業です。

小玉　その小さい花の芽を一つずつ切り込んでいくのですね。

平本　形の良い房になるように切り込んでいきます。

大熊　大変な作業ですね。

平本　相当細かい作業です。その為に使うハサミも砥いだり、細工をしたりしています。

それから1週間くらいすると花が咲き、実になっていきます。そしてぶどうの粒がいっぱいついているので、今度はそれをどんどん間引いていきます。１５０粒位の実を80から90粒位に間引きます。

小玉　最終的には何粒くらいに減らすのですか。

平本　2度位間引いて60から70粒位の房形になるように整えます。

小玉　最後に大事な仕上げ間引きがありますね。特に果粉（ブルーム）を落とさないよう気を付けなくてはいけませんね。この果粉はミネラルが主成分で、食べても全く問題はありません。逆にこれがないと価値が落ちてしまいます。

平本　マスカットの女王様のお化粧って呼んでいます。この果粉が落ちないよう細心の注意を払って収穫しています。

小玉 ところで、そんな大変な作業を何人でおやりになるのですか。

平本 家族4人で行っています。

小玉 ということは非常に忙しいですよね。

平本 全ての温室で同時に作業を行わず、ハウスごとに加温時期をずらして行っています。

小玉 でも大変な作業ですね。

大熊 農園の大変さは分かりましたが、どんなこだわりを持って取り組んでおられますか。

平本 そうですね、やはり、食べても美味しく、見た目も女王様らしいきれいなマスカットを作っていきたいと思っています。

小玉 マスカットの味覚についてはどう思われていますか。

平本 やはり噛んだ瞬間、口の中にマスカット独特の香りがぱっと広がる感覚を楽しんでいただきたいと思っています。

大熊 甘いだけじゃなく、いくつ食べても食べ飽きませんね。

小玉 ところで、ひとつの房の中でどこが一番美味しいかご存知ですか。

大熊 私、一番美味しいところ知っています。この軸に近い部分を「肩」と言って、ここが一番美味しいと聞いています。

平本 正解です。食べ方はそのまま丸ごと食べてもらうのがいいと思います。パリッという食感で楽しんでもらうと香りが口の中にぱっと広がります。一番美味しい状態で収穫していますので、手元に届いた時にすぐ食べてもらうのが一番いいと思います。ちょっと冷たくしたい場合、30分くらい冷蔵庫に入れてください。但し、冷やし過ぎるとマスカット独特の香りが飛んでしまうので注意してください。

小玉 香りも飛ぶし、舌の上であまり糖を感じなくなります。残った場合はナイロン袋、ビニール袋などに包んでいただき、冷蔵庫に入れていただけば日持ちもします。

大熊 どれくらい持ちますか。

加温マスカット・オブ・アレキサンドリア圃場（吉備路）

平本　1週間くらいですね。

小玉　そして軸の部分が茶色くなっても美味しく食べられるのがぶどうです。だから、心配なさらずに食べてください。僕たちプロが見ていると、実は最初から軸が茶色のものもあります。

平本　最初、枝は全部青です。それで熟れてくると同時に茶色になってきます。それで元気なぶどうは軸まで茶色になっていきます。時々、市場の方から「軸が枯れているのではないの」と言われることもありますが、「これはこういうものなのです」とお答えします。

小玉　今回は船穂町でマスカット栽培をされている平本純大さんにお越しいただいて、岡山を代表する果物、マスカットについて学んでいきました。岡山の美味しいマスカットをリスナーの皆さんにも食べて頂きたいですね。

加温栽培

冬の期間にハウスの機密性を高め、加温機を使いハウス内の温度を高めて育てる栽培法。

果粉（ブルーム）

果実に含まれる脂質から作られた蝋（ろう）物質が表面に出てきたもの。雨、病気から果実を守り果実の水分の蒸発から守る働きがあります。ブルームを農薬だと勘違いする人がいますが、ブルームがたくさん付いていても安心して食べることが出来ますし、むしろ、果実が新鮮かどうかの目安になります。ブルームがある果物・野菜として「ブルーベリ」「スモモ」「リンゴ」「ブロッコリー」などがあります。

愛晴れ!
フルーツ王国おかやま

第7回

女性に嬉しい夏のフルーツ「岡山の桃」

放送日　2014年7月13日(日)

パーソナリティー　小玉康仁(小玉促成青果株式会社 社長)
アシスタント　大熊沙耶(元「JA全農おかやまフレッシュおかやま」)
ゲスト　今井　敦(株式会社フルーツランド岡山 代表取締役)

大熊　今日は岡山市北区芳賀で、桃を育てられている今井敦さんにお話を伺います。
今井さん、よろしくお願いします。
小玉　古くから岡山と言えば「桃」で有名ですね、全国の中でも特に「白桃」が有名な地域です。世界における桃の歴史は古く、3000年位前から食べられていたようです。日本には江戸時代に中国系の桃が入ってきました。当時は流通が発達していないから産地で消費していました。明治になって品種改良がどんどん行われました。その中でも瀬戸町（岡山市東区瀬戸町）の大久保さんという方が「大久保白桃」という白い桃の品種を作られました。それがきっかけで岡山が桃の一大産地として注目を集めました。おまけに気候も良く、岡山が桃栽培の適地だったのですね。
大熊　そして桃は美味しいだけでなく、女性にうれしい夏のフルーツです。特に、便秘解消に効く食物繊維のペクチンや、冷え性の緩和や血行をよくする効果のある鉄分、マグネシウムが含まれています。さらに老化の防止、ガン予防の効果が期待できるカテキンも含まれていますので、皆さんにお薦めする夏のフルーツです。
小玉　だから岡山県は健康で長寿な県なのでしょうか。
大熊　ところで白桃って、どのくらい種類があるのですか。
小玉　まず、5月末くらいからハウス桃が出てきます。そこから始まって、9月の半ばくらいまでに10品種以上の白桃を味わうことができます。
大熊　5月の末から9月半ばですね。
小玉　その中でも有名な白桃と言えば「白鳳」。その後に食べ心地がなめらかで甘く、香りがいい「清水白桃」。そしてお盆前になると「本白桃」が出てきます。それはちょっと渋みのある白桃で生産量が非常に少ない品種です。代わりに食べやすい「夢白桃」という品種が生産されています。それからお盆を挟んでちょっと硬めの「白麗」という品種が出てきます。それからお盆明けに玉が大きな「瀬戸内白桃」。それから9月になると「黄金桃」が出てきます。そのほかまだまだあります。

大熊　ひと口に桃、白桃と言ってもたくさんの品種があるのですね。ところで、今井さんが育てられている品種を教えていただけますか。

今井　今、育てている品種は白鳳、紅清水、清水白桃、それからオリジナルの白桃です。これは品種登録されていない品種です。

大熊　オリジナルの品種って自然発生的に出来るものですか。

今井　たまたま、こう苗木の中に１本だけ違うものが入っていました。

小玉　最初にお話しした「大久保白桃」という品種もそうですね。「清水白桃」も枝がわりの中で生まれてきた品種です。ちょうど桃の受粉をする時に様々な虫等が飛んできて、いろんな品種の花粉を付けていきます。それによって自然発生的に、そういうものが生まれてきます。その中から優良な品種が残っていきます。今井さんの農園のオリジナル白桃はお盆明けに出てきます。美味しくて、白く、軟らかく、美味しい桃ですから、もっともっと広めてほしいですね。

今井　増えていますが、まだ作られている方が少ないのが現状です。

大熊　今井さんの芳賀にある農園はどれくらいの広さがありますか。

今井　ざっと１３０アールです。生産量で言うと、桃の実がゴルフボール位になったら袋掛けという作業を行います。その数が８万枚です。

大熊　８万枚ですか。

小玉　１本の木で何枚ぐらい袋掛けをするのですか。

今井　木の大きさにもよりますが大体５～６００枚です。

小玉　全ていいものというわけではないですね。

今井　そうですね。

大熊　そこで生食に向いてないような桃ができた場合はどうされるのですか。

今井　ジャムやコンポート、缶詰などの加工に回します。

大熊　私は今井さんの農園で袋掛けをさせていただいた

経験がりますが、1枚を掛けるのに30秒以上掛かりましたが、それを考えると手間と時間の掛かる作業ですね。

今井 慣れると数秒で掛けられるようになります。芳賀地区では1日で3000枚掛けられる方がおられると聞いています。通常は1500枚から2000枚位だと思います。

大熊 桃の木の上もあれば下もあり、大変な作業ですね。この袋掛けは、桃の実の日焼け防止や虫除け対策のために行われているのですね。

今井 そうです。皮の裂皮を防ぎ虫から桃の実を守ってくれます。

小玉 夏になると蛾がやって来て、甘くなっている桃の実を袋の上から刺します。最初は針で刺したような小さな穴ですが、2~3日経つと中から傷んできます。

今井 朝早く収穫するとその日のうちは分からない場合があります。

小玉 そうですね。桃の進物用の箱詰めを作っても、その後で蚊に刺されたことが分かる場合があります。そんな場合は、その桃を外して新しい桃に詰め替えています。

そこまで拘って出荷をしています。

大熊 今井さんの農園がある「芳賀」という地域のことを教えてください。

今井 私の住んでいる芳賀地区は、山陽自動車道吉備サービスエリアの北側にあります。南向きの日当たりのいい園地で栽培しています。

小玉 ちょうど吉備高原に向かう途中の岡山空港に近い南向きの斜面ですね。

今井 桃の花が咲く4月の終わり頃になると山一面がきれいなピンク色になります。

小玉 桜が終わった後は、園地で桃の花見をやっていただければいいですね。本当に山がピンク色に染まっています。

大熊 4月頃にお花が咲いた後、桃作りの作業はどのように進んでいきますか。

今井 花がいっぱい咲いている頃、花の摘蕾をします。花の数だけ実が付くので、花を間引く作業です。地面を向いている花を残し、上を向いている花を間引きます。それは桃の実が上を向かず、下に付くものだけを残すためです。

大熊 上に実が付いたら何がいけないのでしょうか。

今井 袋掛けの作業や収穫作業の時にやりにくくなります。また、白い桃に仕上げていくために、日焼け防止や、虫や鳥の被害から防ぐためにすべて下を向いて残すようにしています。

大熊 数を調整はその1回ですか。

今井 花の段階で1回間引きます。（摘花）次に実がなった段階でまた間引きます。（摘果）さらに実が梅の大きさになり袋掛けをする時に最終的な数の調整で間引きます。成木だと5～600個を目安に数の調整を行います。

小玉 大体どれくらいの大きさの時に袋掛けをされるのですか。

今井 大きな梅ぐらいになった時ですね。

小玉 袋掛けをするタイミングは、生理的落果という桃独特の実が落ちるのを防ぐためにも行います。

今井 早生の桃には生理的落果がありませんが、岡山を代表する清水白桃はちょうど梅雨の時期には生理的落果という自然に種が核割れして実が落ちてしまうことがあります。

小玉 水分を吸収し過ぎて種が大きくなろう、なろうとする力に負けて、パリッと割れてしまうのですね。

大熊 とってもデリケートな果物ですね。

小玉 6月の梅雨明けには「今年は豊作型だ」とか「今年は不作型」とかの予測がつきます。ただ、美味しさの予想は7月の天候によって決まります。

今井 そうですね。

大熊 桃って収穫の時に丁寧に扱わないといけないというイメージがありますが。

今井 強すぎず、弱すぎず扱うよう心掛けています。

大熊 桃の木の寿命ってどれぐらいなのですか。

今井 育て方にもよりますが、大体15年を目安にしています。

大熊 15年経ったらどうするのですか。

今井　苗の植え替えをします。苗木屋さんで苗を注文して買うか、園地の枝を取って接いでもらって増やします。

大熊　新たな木が大きく育って桃の実ができるのは。

今井　桃栗3年と言いますが、3年で実は出来ますが、量的には十分ではありません。正式に収穫出来るにはやはり7年～8年はかかります。

小玉　桃の木は50年くらいもつと思います。ただ、若い木には力があります。桃の肌が生き生きしています。老木になると若い木のような桃の肌に艶がなくなります。昔、先輩は老木の桃は「谷がきつい」っていう表現をしていました。桃の実の窪みが深いほど渋いってことを教わりました。正しいかどうかは分かりませんが、谷が滑らかな桃はいい桃だということを教わりました。

今井　そうですね。古くなるとやはり渋みが出て、桃の表面の毛が寝たような状態になります。そして見た感じが冴えません。比べるとよく分かります。

小玉　やはり樹勢が違います。例えば雨が降ると元気な木はしっかりと水分を吸収しますが、老木は根が弱って水分の吸収する力が弱くなってしまいます。やはり元気

桃の受粉作業

がいい桃の木からは美味しい桃ができます。

大熊　ところで桃って木の上と木の下では美味しさが違いますか。

今井　やはり上の方が美味しいですね。日当たりが良く、先端にいくほど栄養が行きやすいようです。下は日陰ですので、玉もあまり大きくなりませんし、糖度ののりもあまりよくありません。

大熊　収穫する時は上も下も同時に行われるのですか。

今井　いいえ、桃の木は木の先端から熟れて、だんだん下に降りてきます。熟れたものだけを選別して収穫しています。

小玉　ところで木の上の方で出来た桃と下で出来た桃の見分け方を教えてください。

今井　木の先端にある桃はきれいな丸い形をしています。下にいくほどおむすび形の形になります。

小玉　上から見た時におむすび形、ちょっと尖がっていると下の桃ですね。

今井　でも美味しさは直前の天気で決ります。

小玉　例えば梅雨の時期に2週間くらい雨が降り続くと、上も下も美味しくありません。本当に美味しい年は下のおむすび形の桃まで美味しい。

今井　そうです。下まで糖度が出ています。

大熊　形は分かりましたが美味しさは食べてみないと分かりませんよね。

今井　今は光センサーを導入して糖度を計って出荷していますので大丈夫です。

小玉　光センサーは意外と正確に出ますし、岡山の桃は本当に美味しいですから、岡山に住んでいる方は思い切り食べて頂きたいですね。

今井　そうですね。

大熊　今回は、岡山市北区芳賀で桃の栽培をされている今井敦さんにお越しいただきました。次回も引き続き桃のお話を伺います。

生理的落果

体の生理的条件が主な原因となって落果する場合、台風や病害虫によって起こる落果とは異なるところから、これを生理的落果とよんでいる。生理的落果は着花（果）過多の場合、樹体維持のための自然淘汰現象とみることができるが、樹勢や環境条件のいかんによって、必要以上に落果してしまうことがある。また、逆に落果による自然淘汰が軽度で終わる場合は、摘果による人為淘汰を行わなければならない。

愛晴れ！
フルーツ王国おかやま

第8回

岡山の桃は世界一

放送日　2014年7月27日（日）

パーソナリティー　小玉康仁（小玉促成青果株式会社 社長）
アシスタント　大熊沙耶（元「ＪＡ全農おかやまフレッシュおかやま」）
ゲスト　今井　敦（株式会社フルーツランド岡山 代表取締役）

大熊 今回は先週に引き続き、桃の栽培をされている今井敦さんにお越しいただいています。早速ですが、美味しいと言われる桃の糖度について教えて頂けますか。

今井 糖度が11度以上あれば、桃が美味しいと感じられます。

小玉 11度以上はロイヤル、キングという等級になります。11度あれば美味しい桃だと思っていただいて結構です。メロンの場合は、出荷基準の糖度は14度くらいです。冬場に食べる干し柿は40度くらいありますよ。

大熊 干し柿は干すことで甘みが凝縮されるのですね。

小玉 甘さは食べた時の果汁がいかに舌の上に広がるかによって違ってきます。12度とか12・5度くらいの桃を食べると大変甘く感じます。桃の果汁は舌の上にたっぷり乗ってきますので非常に甘く感じます。マスカットの場合は出荷基準が16度ですが、糖度の低い桃のほうが甘さを感じます。

小玉 人間の舌には味を感じる点がいっぱいあります。

大熊 味蕾(みらい)でしたね。

小玉 その上にいかに乗るかによって味覚の感覚が全然違ってきます。

今井 桃の魅力は「香り」、「糖度」、「バランス」です。だから糖度はあくまで目安であって、食感とは違います。

大熊 食べ頃の桃ってどういう状態ですか。

今井 手に持った感覚で、全体が軟らかくなっていると感じる桃がいいですね。

小玉 軟らかくて、つるっとした感触で、食べた瞬間に甘さと香りが感じられるものがベストとされています。

今井 見た目に青みが抜け全体が白っぽく、黄色っぽくなっている状態がいいですね。若干、冷やして手で皮が剥いて食べて頂くと最高です。

小玉 昔、お年寄りに桃は鉄の包丁で切ってはいけないと教わりました。

大熊 なぜですか。

小玉 酸化して、すぐ茶色になるからです。

今井 だから竹べらを使って皮を剥くようにと説明を付けているところもあります。

大熊 小玉さんが今までで、最も美味しかった桃の食べ方はありますか。

小玉　一番美味しいと感じたのは、昔、真夏に生産者のお宅に連れて行かれた時の記憶です。桃の木陰でたっぷりの水と氷を入れたバケツの中に20分間、完熟の桃を放り込み、皮を剥いで齧（かじ）った時の桃です。

今井　本当に木なり完熟と言って、木で熟れている桃は本当に美味しいです。

小玉　ただ、手で触れれば潰れるのでほとんど出荷はできません。熟れてくると扱いが難しくなります。

大熊　ところで関東では赤くて硬い桃が普通と思っていらっしゃいますね。お中元に白桃をお送りすると、熟れてない桃だと勘違いをされたことがあります。

今井　時々、関東の方は「この桃はいつまで経っても熟れない」って言われます。

大熊　そうです。でも、一度食べていただくと、本当に美味しかったと、岡山の白桃のファンになって頂けます。

小玉　そうですね。もっともっと「フルーツ王国おかやま」の誇る白桃を全国の方々に食べて頂きたいですね。

大熊　桃の皮にはたくさんの産毛がついていますが、どんな働きをするか教えてください。

今井　桃が色づき始める前の青い実の頃から生えてきます。虫や病気から実を守ってくれる働きがあり、産毛が立っていると鮮度が良く、寝てくると日にちが経っている目安になります。

小玉　桃を扱っていると、この産毛が指と指との間に入り痒くなってきます。

今井　なりますね。

小玉　桃にとっては水を弾くなど、外敵から桃の実を守ってくれています。

大熊　それでは美味しい切り方はありますか。私の家では祖母が桃を削るとか、削（そ）ぐと言っていました。

今井　それでいいと思います。

小玉　我が家では桃を円周上に包丁を入れ、両方を持って「くりっと」捻るようです。そうすると側だけ取れて種は残ります。繊維が潰れるので家族で食べるにはいいですが、お客様にお出しする時は、削（そ）いだほうがいいと思います。

桃の花

今井　そうですね。

小玉　白桃を召し上がるときに気を付けていただきたいことがあります。桃の果汁は服に付けないようにして召し上がってください。白い服等に付くと絶対シミが取れません。是非、ティッシュなどを用意してお召し上がりください。

小玉　僕は清水白桃など夏場の桃は世界一美味しい果物だと思っています。もし夏の清水白桃が収穫される次期に世界の桃の品評会があったら、岡山の桃が多分トップを取ると思います。それくらい美味しいものですから、後世の人にも繋いでいただきたいと思います。やはり若い人たちが新しい形で取り組んでもらい、輸出できるような仕組みを作って世界の人に食べて頂きたいと思っています。是非今から白桃づくり挑戦して繋いでいってもらいたいですね。それだけのポテンシャルを持っている果物です。

大熊　そうですね。

小玉　本当に農業というのは高齢化していますが、高齢化してやめるのではなく、誰か他の人に園地を貸して継いでもらい、広げていくという作業をやっておくべきだと思います。

今井　そうですね。気候条件、土壌条件にしても果物作りには大変恵まれています。

大熊　これから始める方にとって収入が気になると思いますが。環境は整っていても、手間ばかりかかり収入が満足できないと取り組めないと思いますが、どうでしょう。

今井　それは努力次第で、やりがいはあると思います。

小玉　桃はマスカットほど常時手間が掛かりません。植樹して3年間くらいは畑を時々見に行けばいいので、そういう意味ではぶどうほど手間は掛かりません。どこかの園地が空いていたら若い人が借りて育ててみればいいと思います。近所の人からいろいろ指導を受けながら。そのうちに一度美味しい桃を作って評価されるとまた作りたくなるはずです。

今井　そうですね。食べていただいて、美味しいという声を聞くと、さらにいいものを作ろうという気になります。

大熊　農業とか桃作りに詳しくなくても、そうやってたくさんの方が桃づくりの技術などを教えて頂けるのですか。

小玉　例えば今井さんに相談をして、どこかいい場所ないですかという相談から始めて頂き、そこから人間関係を広げていけばいいと思います。まずは、自分でやってみることがいいと思います。

大熊　是非、若い皆さんが挑戦されることを期待したいですね。今日はありがとうございました。

桃の圃場

味蕾

舌や軟口蓋にある食べ物の味を感じる小さな器官である。人間の舌には約10,000個の味蕾がある

愛晴れ！
フルーツ王国おかやま

第9回

技術が輝く
岡山のぶどうづくり

放送日　2014年8月10日（日）

パーソナリティー　小玉康仁（小玉促成青果株式会社 社長）
アシスタント　大熊沙耶（元「ＪＡ全農おかやまフレッシュおかやま」）
ゲスト　佐々木靖正（船穂町ぶどう部会 副会長）

大熊　今日は倉敷市船穂町でシャインマスカットを育てられている岡山西農業協同組合　船穂町ぶどう部会副会長の佐々木靖正さんにお話を伺います。

佐々木　よろしく願いします。

小玉　船穂町はぶどう作りの技術がある地域ですね。佐々木さんは以前、マスカットを作っておられましたが、その後、シャインマスカットに替えられました。やはり技術があるから、種類が違っても、きれいで品格のあるぶどうができるということだと思います。これからもっと伸びていく地域だと思っています。

大熊　シャインマスカットの名前の由来を教えて頂けますか。

小玉　マスカットより光り輝くということから、その名前がついたと私は聞いています。

佐々木　僕は作ってみて、マスカットも捨てがたいがシャインマスカットは品種改良されて、もっといいものになっていくような気がしています。

大熊　他のマスカットとの違いはどんなところですか。

佐々木　やはり玉が大きいということと糖度が高くなりやすい。それと種なしであることです。そういうところが現代の消費者ニーズに合っているように感じています。

大熊　種がないと、お子様からお年寄りまで食べやすいですね。

小玉　そうですね。おまけに皮ごと食べられるということが大きな魅力になっています。マスカットの特徴のブルーム（果粉）が付いていますが、シャインマスカットのブルームは薄いですね。

大熊　もう、出荷か始まっていますか。

佐々木　6月の中旬から出荷を始めています。そして今、加温ものが最盛期です。

小玉　これがお盆近くまで続きますね。

佐々木　そうです。

小玉　続いてお盆が明けると、今度は冷室といって重油を使わないぶどうが最盛期を迎えますね。

佐々木　そうです。ハウスを開け・閉めだけで栽培しているものが盆明けから8月いっぱいくらいに出荷します。そして9月になると被覆をしているハウスのぶどうが出てきます。

小玉　11月くらいまで出てきますね、そして、吉備高原などの標高200〜300メートル地域のものが9月の終わりから11月にかけて出てきます。ずっと楽しめるぶどうだと思います。

大熊　本当にそうですね。

小玉　シャインマスカットは長い期間、販売できるぶどうです。

大熊　佐々木さんの農園の、年間の作業の流れを教えて頂けますか。

佐々木　それぞれのハウスの出荷が終わった瞬間から来年に向けての作業が始まります。水の管理とか肥料の管理とか。そして剪定をし、最初に加温が始まるのは1月頃です。ハウスごとに1月の終わり、2月の初めと、ローテーションを組んで加温していきます。最後は加温をしないハウスの作業を行います。出荷も順々に行います。永年作物というのはずっと1年間のローテーションで繋がっていきます。

小玉　休む間がないようですが、そこは長年の経験で上手くバランスを取られていますね。

佐々木　そうです。一番必要な時に必要な作業を上手くやることが、本当のぶどう作りの作業だと思います。だから余裕を持ってやっていかないといけません。

大熊　じゃあ、若手の方も取り組みやすい。

佐々木　私は先輩方を見て、自分なりのぶどう作りのコツを作り上げていきました。

小玉　栽培するコツをきっちり押さえておけば、皆さんに喜んでいただけるシャインマスカットができるわけですね。マスカットの場合は常時はさみを入れていることですが、シャインの場合はポイント、ポイントを確実に押さえるといいものができますね。

佐々木　そうです。

小玉　佐々木さんの農園には11棟のハウスありますが、何人くらいで栽培を行われていますか。

佐々木　今は3人パートさんに来てもらっています。ただ11棟全てが常時稼働しているのではなく、7割くらいが成木で栽培をして、残りの3割は改植をしています。

小玉　苗を育てているということですね。

佐々木　ハウスがあまり古くなるとどうしても生産性が悪くなります。だから常にいい状態を保つためにローテーションを組んで年に1棟ずつくらい改植をしていきます。常に一番いい状態にぶどうの木を保ってやれば、手入れをしたことに応えてくれるようになります。そういう条件作りも私たちの大切な仕事なのです。

大熊　すごいですね。

小玉　そのことがマスカット栽培とか、シャイン栽培をされる優れた生産者の考え方だと思います。絶えず一番いいコンディションの木を作るということが大切ですね。

佐々木　そうです。

大熊　でも、そのコツを覚えるまでが大変でしょうね。

小玉　それはもう経験以外にはありません。一朝一夕には出来ませんね。

佐々木　そうです。

小玉　ところで、佐々木さんの農園では岡山で最初にシャインマスカットの試験栽培を行われましたね。

佐々木　岡山県の果樹研究会に所属していた10年ぐらい前（２００４年）ですね。丁度、県南で育つマスカット・オブ・アレキサンドリアに替わる新しい品種を探していました。そこへシャインマスカットという新しい品種の試験栽培をしてみないかという話がありました。話を聞くと、私が考えていた種が無く、糖度も高く、青ぶどうであるいう３つの条件を満たしていました。特に県南は夜温が30℃以上になるので青ぶどうしか考えていませんでした。それで早速、名乗りを上げました。

小玉　夜温が22～23℃まで下がる県北ではピオーネなどの色ぶどうに適していますが、県南の夜温は30℃以上になります。そうするとピオーネなどの色が濃くなる色ぶどうは出来ません。

佐々木　果樹研の中には「ぶどう部会」と「温室ぶどう部会」の二つ部会があり、その中から10人程が試験栽培に名乗りを上げました。

小玉　どんな取り組みを行われましたか。

佐々木　まず、作り方の基本の研究を行い、その後、それぞれのやり方で栽培を行いました。その後、各自でレポートにまとめ、その結果を農業試験場にまとめて頂きました。

小玉　その中で岡山らしさを表現しようということで、「晴王」という岡山独自のブランドが立ち上がりましたね。佐々木さんをはじめとするみなさんはずっとマスカットを栽培されていたので、同じシャインマスカットでも他府県のものとは粒や、品格が全然違います。東京でも随分高い評価が頂けました。

大熊　シャインマスカットの糖度がどれぐらいあるのですか。

佐々木　18度です。糖度が20度になったら甘過ぎますので。18度くらいが一番美味しいと思います。

小玉　マスカットの場合の出荷基準は糖度16度なので、マスカットより2度も糖度が高くなります。

佐々木　目の前にぶどうがありますが、この粒をきれいにとうもろこし状態に揃えるのは大変な作業なのです。粒を一つずつ、石垣を積むように並べていきます。この技術はマスカットを作る時に培った技術が活きています。

大熊　この実が付いている茎は太いですね。簡単に粒が動かないのでは。

佐々木　動かないから粒が大きくなる時に、この粒を抜いたらこっちに動き、これを抜いたらこっちに動くという予測をしながら粒抜きをしています。お互いに支え合いながら一房を形成しているので、粒が太くなるのを予測しながら房作りをしています。

小玉　やはり技術が違いますね。頭の中でビリヤードをするような感覚で、粒の動きを予測しながら房を作っていく作業をされているのですね。

大熊　1年の栽培のサイクル、ハウス、苗、さらに粒のことまで考えながら美味しいシャインマスカット作りに取り組んでおられるのですね。

小玉　さらに「晴王」というブランドを作った以上はフルーツ王国にふさわしく、きれいに育てて、品格があるものを作っていかないといけませんね。多分、他府県ではここまで手を入れて作らないと思います。「晴王」は玉の向きとか房の形に風格があります。

佐々木　基本的にはマスカットの技術を手本にしています。その技術は他府県には絶対まねが出来ません。

小玉　だからこそ、岡山のシャインマスカットはこれからさらに価値を持つと思います。

大熊　スーパー等でシャインマスカットを買う時の見分け方を教えてください。

佐々木　軸がしっかりして、粒に張りがあり、透明感があるものがお勧めです。

小玉　軸がしっかりしているといっても、このシャインも、マスカットも、もともと木です。だから軸の部分はどんどん茶色くなっていきます。

佐々木　それを古いと勘違いされることがあります。その見分け方は難しいです。

小玉　基本的には軸がしっかりしているのでマスカットより見分け方難しいです。ただ、軸がしっかりしているので、大きな房ができます。普通市場に流通するシャインマスカットの場合、大きくもので７００g、８００gです。作ろうと思えば1キロの房もできます。ただ、そういう房は糖度ののりが遅くなりますね。

佐々木　大きいのを作ろうと思えばできますが、やはり木に負担がかかり、劣化が勝ります。だから岡山では７００gくらいの房を基準に作るようにしています。７００g以上で、きれいな房で、玉並びが良く、基準に合えば化粧箱に入れて果物店に送り、それに満たないものはコンテナで送っていますが、ちゃんとした評価を頂いています。自然に作っているものだから木にお任せするというのがポリシーです。

小玉　シャインマスカットの場合は糖度が22度くらいになると甘さが勝ります。だから、18度位で、酸味も少し残り後口がさっぱりするようなものが岡山らしいと思っています。岡山県産の「晴王」はアレキの技術によって磨かれた、香りと甘みのバランスが整ったシャインマスカットと言われています。

佐々木　私は親父の跡を継いで30数年間ぶどうを作ってきました。最初はアレキを作っていましたが、さっき申し上げましたようにアレキに替わるものを探して、この

10年間、シャインマスカットを栽培して奥が深いなと感じています。何とか修得したいと考えています。

小玉　シャインマスカットはまだ販売歴が10年程しか経っていません。今後、様々な研究や挑戦によって栽培方法が確立されてくる果物だと思っています。特に加温栽培というのはこれから研究の余地はあると思います。今後、様々なことにトライして頂き、フルーツ王国おかやまに相応しいシャインマスカットを作って頂きたいと願っています。

佐々木　ありがとうございます。頑張ります。

永年作物

何年間にもわたって植換えの必要がない農作物のこと。リンゴやナシ、イチゴ、パイナップル、コーヒーなども。

改植

植物を植え直すこと。

愛晴れ！
フルーツ王国おかやま

第10回

歴史が育くむ ピオーネ王国おかやま

放送日　2014年8月24日（日）

パーソナリティー　小玉康仁（小玉促成青果株式会社 社長）
アシスタント　大熊沙耶（元「ＪＡ全農おかやまフレッシュおかやま」）
ゲスト　大月健司（岡山県果樹研究会会長 ぶどう部会部会長）

大熊　今日は岡山県果樹研究会会長で、ぶどう部会部会長でもありピオーネを栽培されている大月健司さんをお招きしました。大月さん、よろしくお願いします。

大月　よろしくお願い致します。

大熊　大月さんが会長をされている岡山県果樹研究会はこの番組の重要なキーワードになっていますが、どのような活動をされていますか。

大月　岡山県果樹研究会は「桃部会」、「ぶどう部会」、「温室ぶどう部会」、「温室ぶどう婦人部会」、「梨部会」、「柑橘部会」と、岡山県内で果物を栽培されている方が、それぞれでいいものを作ろうとみんなで研究している会です。

小玉　「ぶどう部会」の会員は現在、何名くらいですか。

大月　「ぶどう部会」は約50人くらいです。

小玉　50人の生産者の皆さんが集まって、技術や栽培方法について研究、発表されているのですね。

大月　年に6回くらい研究会と言って、所属する会員の圃場に行き、ハウスなどを見ながら栽培方法の情報を話し合っています。

小玉　切磋琢磨してお互いの取り組みを研究するという、岡山の園芸栽培のスピリッツを伝承されているのですね。

大月　戦後間もなくこの会の名称になり、継続されていると聞いています。

小玉　もう60年以上続いていますね。大月さんの先輩の、先輩の、先輩の、先輩くらいまで、いらっしゃるのですね。

大月　そうです。そうそうたる方々がここまで築き上げられた会です。

小玉　果樹研究会は全国にある組織ですか。

大月　47都道府県で38カ所くらいが果樹研究会の組織を立ち上げられています。その中で岡山の「ぶどう部会」はかなりの歴史がありますし、日本の中でも古いと思います。

小玉　やはり果物王国になる要素は歴史にも現れていますね。

大熊　そうですよね。

小玉　大月さんは以前、全農おかやまにお勤めされていましたね。

大月　私は6年前まで約30年間、ＪＡ全農おかやまに勤めて「果物」を担当していました。

小玉　大月さんがＪＡに勤められた頃、岡山にはピオーネは有りませんでしたね。

大月　そうです。当時はキャンベル、ネオマスカット、ベリーA、マスカット、アレキサンドリアがありました。

小玉　県南はベリーAが主体でしたね。

大月　ベリーA、キャンベル、ネオマスカットでした。それから、57年か58年頃、消費者の嗜好が大粒で種なしに変化し、それに合わせるために行政と一緒にピオーネを育てようと、随分みんなで頑張った覚えがあります。

小玉　もともとピオーネという大粒系の品種は必ず系譜にマスカットがいます。

大月　そうです。カノンホールマスカットという品種と巨峰が合わさってピオーネが生まれました。でも昔はピオーネにも種がありました。それを全国に先駆けて種の無いピオーネを作り始めたのが岡山なのです。

小玉　基本的には、ぶどうは自然の形では種ができます。ただ、ぶどう本来が持っているホルモン剤を使って、ぶどうの小さい房にちょっとつける作業を2回繰り返すことで種が無いピオーネが出来ることを発見しました。ジベレリンという無害なホルモンなので、食べても問題はありません。

大月　そうです。ちょっと小粒のデラウエア、ベリーA、巨峰、話題のシャインマスカットもジベレリンを使って種を抜いています。

大熊　手間が掛かっていますね。

大月　種がないということは、粒が大きくなりにくく、ジベレリンの助けを借りますが、弱った木では粒が大きくなりにくいので、ちょっと強めに管理する。2倍管理と言っていますが、房の数を制限するなどの管理もしています。

小玉　ぶどうの木の寿命は80年、１００年と言われていますが、ぶどうの房が最も収穫出来る時期があります。その一番元気がいい時期と言うのが植えて6、7年くらいから12、3年くらいまでです。

大月　そうですね。5年目くらいでやっと成木になって、それから10年くらいが一番のピークです。

ピオーネのホルモン処理作業

小玉　その後は植え替えをしていきます。

大熊　やはり若いと力があり、元気だから、いいものができるということですね。

大月　以前、一般の方が圃場にいらっしゃって、ぶどうの木を見てびっくりされました。1本の木がこんなに大きいのとか言われるのです。1本の木の広さ、面積ってどのくらいかご存知ですか。

大熊　分かりません。

大月　農家で作られている方は大体100㎡くらい。10m×10mの広さです。

小玉　そのエリアを1本の木で作ってしまいます。

大熊　結構広いですね。

大月　その1本の木に、ピオーネの場合だと大体300房くらい出来ます。そこまで大きくするまでに5年くらいかかります。その間にも出来ますがあまりいいものは出来ません。

大熊　100平方メートルになっても成長は続くので

しょうか。

大月　もちろん、人によっては倍くらいにされている方もいらっしゃいます。土地の条件によっても違います。長野県や山梨県等の東日本は、土壌の作れる範囲が深いのです。だから木を広げないとぶどうの房が落ち着きません。岡山では土壌の作れる範囲が、東日本と比べると浅いので、１００㎡が丁度いいくらいの広さになります。

小玉　岡本先生は、岡山の場合は真砂土か赤土だからぶどうの管理がしやすいとおっしっていました。

大月　山梨に視察に行った時、圃場の地面に竹の棒を刺すと思った以上に深いところまで入ります。しかし、岡山だと精々20～30㎝くらいです。圃場として整備されている土地の土は軟らかくなっていますが、もともとその土地によって違いがあり、その土地の栽培の歴史の中で作り上げられた栽培文化により、ぶどうの木の大きさに違いが出来たのだと思います。

大熊　以前、大月さんから「ピオーネ王国への道」というマンガ本をお借りしましたが、この本は分かりやすいですね。

大月　中四国の９県の特産物を紹介することを目的に中四国農政局が制作しました。それで岡山では「ピオーネ」を取り上げて頂きました。確か各小学校の図書館にお配りしたと伺っています。

大熊　ピオーネの成り立ちや、苦労したこと、どのように広がっていったか等、本当に分かりやすく描かれていました。

小玉　ところで、どのような過程でピオーネが岡山で広がっていったのでしょうか。

大月　岡山のピオーネは、昭和の57、58年頃から本格的に導入が始まりました。もともと岡山県内のぶどうの産地は県南が中心で、「キャンベル」や「ベリーA」等を作っていましたが小粒でなかなか売れませんでした。全国では大粒で種がない「巨峰」が主流でした。そこで、岡山県では栽培が難しいと言われていた「ピオーネ」に着目しました。しかも、種の無い「ピオーネ」を目指されました。岡山県ならではのチャレンジ精神を持った先輩方の努力で最初は県南から始まり、県中北部に広がって行きました。県中北部では需要が減少傾向のたばこ畑で他の作物を作ろうと研究されていました。そこで「ピオーネ」に白羽の矢が立ちました。「ピオーネ王国への道」という本にも紹介してありますが、夏場に昼間と朝晩の温度差があるため色が付きやすいという土地的条件が加わり、どんどん広がっていきました。

小玉　吉備高原から県北にかけては秋のピオーネの一大産地になっています。

大月　加温栽培をしている県南のピオーネは4月、5月くらいから出始め、お盆まで。その後、県中北部が9月から11月にかけて出荷されます。

小玉　「ピオーネ」が品種登録されたのが昭和48年ですね。

大月　品種としては僕と同い年の昭和32年ぐらいからあるそうです。

大熊　最初は「パイオニア」と名付けられていましたが何故「ピオーネ」になり、「ニューピオーネ」に変わっていったのですか。

ピオーネ

大月　昭和46年に「パイオニア」と命名されましたが、昭和48年に「ピオーネ（イタリア語で開拓者という意味）」と改名され、種苗名称登録されたそうです。それ以来、「ピオーネ」は品種名として全国どこへいっても通じるようになりました。その後、岡山では、種を無くした「ピオーネ」の栽培に成功し、全国の産地とは区別した名称で出荷したいとの思いから「ニューピオーネ」と命名したようです。当時、「ベリーA」の種なしを「ニューベリーA」として出荷していたことで、それとの連動性もあったようです。

小玉　岡山県生まれの大粒で、甘く、種が無く食べやすい「ニューピオーネ」を応援していきましょう。

小玉　ところで、大月さんのハウスはどこにあるのですか。

大月　現在は吉備中央町で、旧御津郡加茂川町という所です。

小玉　結構、涼しい地域ですね。

大月　標高が約３６０ｍあるので、夏でも日陰に入ったら涼しい所です。夜の初めは岡山市内と変わりませんが、明け方は、布団を被らないといけないくらい涼しい所です。

小玉　だから美味しいニューピオーネが出来るという訳ですね。

圃場

作物を栽培する田畑。農場。

まんが農業ビジネス列伝 vol. 3

ピオーネ王国への道

１９７０年代半ば、岡山県南部のジリ貧のぶどう産地の窮状を脱すべく新品種導入に向けた挑戦が始まった。官民が一体となった栽培技術の確立から、岡山県が日本一のピオーネ産地になるまでをまんがで紹介しています。

企画・監修：農林水産省中国四国農政局　発行元：社団法人 家の光協会

愛晴れ！
フルーツ王国おかやま

第11回

挑戦する情熱が次世代フルーツを誕生させる

放送日　2014年9月14日（日）

パーソナリティー　小玉康仁（小玉促成青果株式会社 社長）
アシスタント　大熊沙耶（元「ＪＡ全農おかやまフレッシュおかやま」）
ゲスト　大月健司（岡山県果樹研究会会長 ぶどう部会部会長）

大熊　今日は前回に引き続き、岡山果樹研究会会長で、ぶどう部会部会長の大月健司さんをスタジオにお招きしています。大月さん、前回に引き続きよろしくお願いします。
大月　こちらこそ、よろしくお願い致します。
小玉　大月さん、今日も吉備中央町から車で1時間かけてこのスタジオにお越しいただきました。早速ですが、この時期には、毎日どれくらいの房を収穫されるのでしょうか。
大月　市場がある時は、大体300から500房くらい、毎日取っています。
小玉　これが何日間ぐらい続きますか。
大月　日によって違いますし、様々な品種を作っているので、10月の中頃まで続きます。
小玉　毎日、300房で9月の半ばから、10月半ばまでの1カ月間、実動25日とすると7500房ですか。すごい房数ですね。どれぐらの面積があるのですか。
大月　大体67アールくらいです。
小玉　先日おじゃましましたが、本当涼しい地域ですね。もともと岡山でピオーネが発達した歴史も、県北の桑畑をから改植されてピオーネを植えられましたが、大月さんところもタバコを作られていたのですか。
大月　はい、タバコの葉を作っていました。次に「桃」を作り、その後、「ぶどう」に変えました。
小玉　大月さんは全農に在籍され、ずっと果樹を担当されておられたから相当、詳しいですよね。
大熊　その上、岡山県果樹研究会の会長をされていますから。
小玉　大月さんところでは、どんな栽培方法をされていますか。県南の場合は、完全に密封されたハウスで行われていますが。
大月　我が家では無加温で、開放的なハウスで栽培をしています。簡易被覆栽培、トンネル栽培と言われ、房の上だけを雨が当たらないようにする柵型ハウスです。
大熊　雨を当ててはいけないのですね。
大月　ぶどうは雨に弱く、雨が当ると病気に掛かります。
小玉　もともと「ぶどう」は乾いた土地で作られていました。日本のように梅雨がある地域には適さない果物でした。それを技術力でここまで育て上げました。

大月　そうですね。

小玉　大月さんのところでは、他の品種も植えられていましたね。

大月　ええ、「シャインマスカット」「瀬戸ジャイアンツ」、「紫苑」、「オーロラブラック」など、岡山県が推薦する次世代フルーツは1本、２本ずつは植えています。

小玉　ところで「ピオーネ」を作る時に茎から芽が出て、そこから花穂が出てきますが、その長さはどれぐらいあるのでしょうか。

大月　約20センチくらいですね。

小玉　それをどのように整形されるのですか。

大月　花の咲く直前、先端を３㎝～３・５㎝位残して、残りの花穂は摘芯（摘みとり）します。（花穂管理）

大熊　摘芯せずに20センチの花穂を全部、実らすことは出来るのでしょうか。

小玉　出来なくはないでしょうが、かなり小さいものになると思います。

大月　１つの花穂に約２０００花が咲きますから、１房２０００粒のピオーネなんて想像できませんね。

小玉　ひと粒がデラウエアくらいの大きさになりますよ。ところで、ぶどうに掛ける袋も色々ありますが研究されているそうですね。

大月　ピオーネの場合は、県内全域で白い袋を使っています。ただ、「シャインマスカット」や「瀬戸ジャイアンツ」などの青系のぶどうは産地によって違います。どの色がその品種に合っているかは研究の最中です。私のところでは「青」「緑」「茶色」「白」を使っています。

大熊　色が違うことで品質が変わりますか。

小玉　白い袋は日光が通りますね。

大月　そうです。直射日光が通って、色が付きやすいと思いますし、袋をかけることで汚れません。

小玉　それと乱反射しますから、全体にまんべんなく光が入ってきますね。メロンでも、乱反射をさせて下の方まで光が回るようにされている方もおられます。

大熊　ぶどうの農園の周囲をネットで覆っておられます

もかけ加温ピオーネ

が、どのような効果があるのでしょうか。

大月 あれは、風除けの為の防風ネットです。そして、イノシシ、タヌキ、カラス、キツネ、テンなどの防獣ネットの役割も果たしています。

小玉 10月の半ばくらいに収穫が終わると、すぐに来年のための作業に入られるのですか。

大月 もちろんです。ぶどうの収穫後は、木の蓄えていた養分を使い切っている状況ですから、今度は施肥と言い、肥料をやって秋の根が増えやすいように土作りをしていきます。そして年明けからは剪定です。

小玉 剪定というのは、一番寒い時期に切ります。毎年2月ですね。

大月 マスカットもそうですね。

小玉 多分、木のバランスを考えながら、コンディションを最高の状態にしていくことが大切ですね。花の芽が出る時のコンディション、実が付く時のコンディションを最高にしていくことを考えながら作られていると思います。

大熊 ところで、私は皮をとったり、皮ごと食べたり、シャーベットにしたりして食べていますが、お勧めの食べ方がありますか。

大月　そうですね。出来たら皮も一緒に食べていただきたいと思います。実は、まだ研究段階ですが黒いぶどうの皮にはブルーベリー以上にアントシアニンが含まれているそうです。このアントシアニンは目や身体全体にいいと言われています。

大熊　しかも、ぶどうには抗酸化作用のポリフェノールも豊富ですね。

大月　さらに、糖分はブドウ糖で疲労回復に効果があります。

大熊　と言うことは、ミラクルフルーツですね。

小玉　ここで大月さんからピオーネの見分け方をご伝授頂けますか。

大月　そうですね。色は紫黒色と言って、紫と黒の濃い目の色のものが良いとされています。

小玉　濃い色のものに糖度がのっている確率が高いということですね。ピオーネの場合は、薄くてものっていますが、基本的には色は濃いほうが市場価値も高いです。

大月　取れたてのピオーネは軸も青々として、緑で新鮮そのものです。しかし、軸が少々茶色っぽくなっていても問題はありません。ただ、種が無いため軸から実が取れやすくなっている場合がありますが、鮮度や糖度は問題ありません。

小玉　ばらばらになっても洗って食べれば新鮮さそのものです。

小玉　最近は都会では、房ではなく一粒ずつを小さなミニパックに入れて売られるのを見かけますね。例えばマスカットとピオーネを5粒ずつ入ったパックなど新しい売り方ですね。季節によって様々な種類のセットが出来、お手軽に味わっていただけることが魅力ですね。軸が茶色になって房から粒が外れても問題なく食べられるので、軸のことは気にせずに食べていただきたいと思います。ピオーネの場合、粒重、粒の重さはどれくらいになりますか。

大月　大体、出荷規格があり、大体12、３グラムが規格です。しかし、この時期のピオーネは15グラムから20グラムくらいはあると思います。

大熊 大粒ですね。

小玉 糖度はどれくらいですか。

大月 これも出荷規格があり、マスカットと同様で16度以上です。但し、ピオーネの場合は18度、20度を越えたら、食べにくいですから、大体16度から18度にしています。

小玉 マスカットは噛んでいくと、どんどん果汁が広がり。シャインマスカットは噛み応えを楽しむようなぶどうですが、ピオーネはいきなり果汁が広がりますね。そして、同時に香りも楽しめます。

大月 ピオーネは香りのいいぶどうだと思っています。

大熊 もし、ピオーネをこれから育ててみたい、農園を始めてみたという方が訪ねて来られますか。

大月 町では年に2、3人ずつ新規就農希望者が研修に来られています。これならやれると自信を付けられた方は、そのまま就農される場合もあります。

トンネルピオーネ（阿新地区）

大月　私のところにも、1カ月研修に来られました。収穫の忙しい時期に来られ、その後、町のピオーネ園で実践研修を受けられています。

小玉　県外から来られても、受け入れる体制は整っているということですね。

大月　そうですね。岡山県内でも久米南町、新見市、高梁市など、たくさんの市町村が受け入れをされています。

小玉　岡山に住んでいる若者も興味のある方は1カ月間くらい研修に参加して頂きたいものですね。

大月　岡山県のホームページをご覧頂ければあると思います。

小玉　若い人で、「岡山県の恵みを自分たちが作るのだ」という意思で、その技術を習得して、どんどん深まっていけばいいと思います。ぜひ積極的に若い人にも参加して欲しいものですね。

大熊　そうですよね。

大月　ぶどうに限らず、農業は後継者不足と言われて久しいのですが簡単じゃないし、技術もいるが、是非やりたい方は一度挑戦してもらい、やれるということが分かったら連絡していただければ、アドバイスができると思います。

大熊　そうやって産地としても盛り上がっていくといいですね。

大月　そうです。全然違います。田舎の町では若い方が入って来るだけで、めちゃくちゃ明るくなります。

大熊　こんなに美味しいぶどうができるのだったら、挑戦して欲しいですね。

大月　女性の方が一生懸命やられているところは、本当にいいものを作られますよ。

大熊　女性ならではの繊細さが果樹づくりに貢献しているのでしょうか。

大月　ぶどうはそんなに力が要りませんから。

小玉　メロン栽培も実は一緒です。お父さんは外でいろんな会合や会議に出たりしますが、女性は必ず家にいてコツコツやってくださる。そうするとやはりいいものができます。やはり女性の力ってすごいですよ。

小玉　ところで果樹研究会の会長、ぶどう部会の部会長という立場を離れて、一生産者としてぜひ自分が住んでいる、作っている地域のピオーネのＰＲしていただければありがたいと思います。

大月　それはありがとうございます。先程も紹介していただきましたが、吉備中央町でぶどう栽培をしています。ＪＡおかやまの加茂ぶどう部会に所属しています。

小玉　ＪＡおかやま加茂川ぶどう部会のマーク、目印はあるのですか。

大月　ＪＡおかやまのマークの下に、小さく加茂川と入っています。これからピオーネは2キロ、5キロで出荷する最盛期になります。そして地域には33人くらいの生産者がいます。県内では比較的新しい産地です。木も若いし、ピンと張りのあるピオーネができます。、標高も高いので、着色も、日持ちもいいです。食べて若干酸味がありながら、甘酸っぱい、美味しいぶどうができていると思います。ほとんど岡山県内に出荷していますから、ぜひ食べていただきたいと思います。

大熊　本当に大月さんのぶどうは美味しいです。

小玉　加茂川と言うと、道の駅がありますね。

大月　道の駅、加茂川円城があります。

小玉　加茂川円城。皆さんには円城と言ったほうが分かりやすいかもしれませんね。

小玉　そこで売っているのと同じピオーネが、約１カ月間、岡山市場にも出ます。ピオーネは甘み、酸味、そして果汁の多さ、香りといったバランスが大切です。

大月　そうですね。

大熊　そんなバランスのいいピオーネを是非食べてくださいね。

大月　よろしくお願いします。

花穂管理

開花前までに1新梢1花穂にし、開花始めに先端 3cm程度残すように切り込み、整形する。

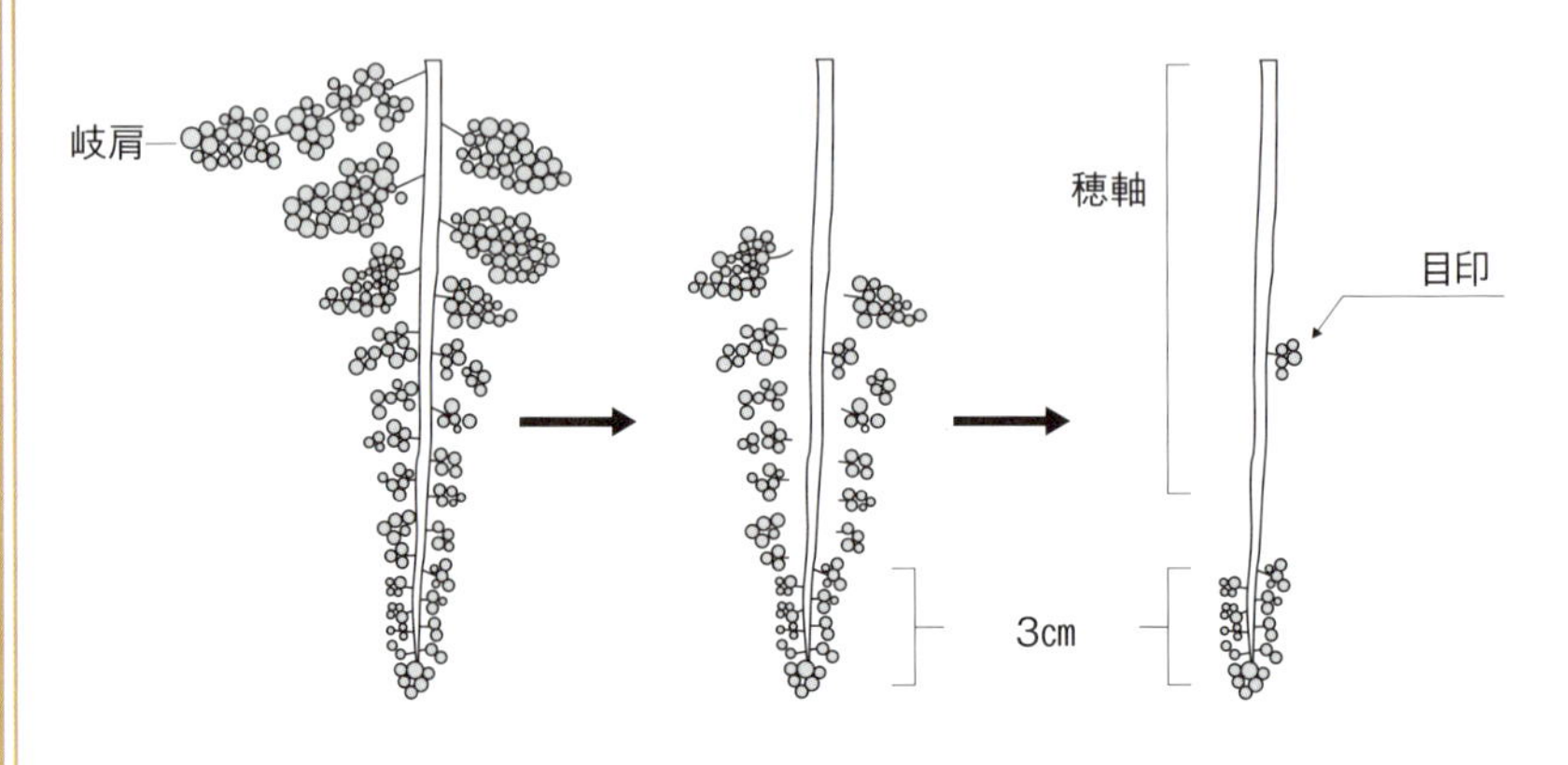

愛晴れ！
フルーツ王国おかやま

第12回

岡山生まれのファジアーノカラー「紫苑」

放送日　2014年9月28日（日）

パーソナリティー　小玉康仁（小玉促成青果株式会社 社長）
アシスタント　大熊沙耶（元「ＪＡ全農おかやまフレッシュおかやま」）
ゲスト　林　修吾（岡山県温室園芸農業協同組合 理事）

大熊　今回のゲストは最近名前をよく聞くようになったぶどうの品種「紫苑」の生産者であり岡山県温室園芸農業協同組合理事の林修吾さんをスタジオにお招きしました。林さん、よろしくお願いします。

林　はい、よろしくお願いします。

小玉　ところで林さん、紫苑というぶどうを分かりやすくご説明をしていただけますか。

林　はい、形は楕円形で、色はワインレッドと言いますか赤紫色をしています。

小玉　赤紫の果粉がきれいにかかって、美味しそうなぶどうですね。

林　そうです。糖度は18度以上あり、よく熟れてくると果肉が締まって、非常に美味しいぶどうです。

小玉　やはり柔らかいぶどうよりも、ちょっと硬めのぶどうに類するのですか。

林　本来、そういうぶどうだと思いますが、ただ作り方によっては果肉がなかなか締まらない場合もあります。

小玉　生産者の方は皆さん、ご苦労されているのですね。

林　大変な苦労をされています。

大熊　林さんが育てている紫苑は、どれぐらいの硬さなのですか。

林　昨年、試験場で果肉硬度を調べていただいたら、30度でした。45度を切ると軟らかくて水っぽい、ジュース分ばかりになってしまいます。

小玉　そうですか。

林　岡山県では10月の中旬から収穫が始まりますが、温室園芸農協では11月をスタートにしています。それで、12月20日くらいまで収穫します。

小玉　ということはギフトにも使えますね。

林　はい。

小玉　12月のぶどうと言えばコールマンというぶどうがありますね。

大熊　そうですよ。

小玉　ちょっと黒系統のぶどうですね。紫苑と比べて、どういう部分が違うのでしょうか。

林　甘味と形が違いますね。

小玉　そうですか。

林　はい。

小玉　ちょっと詳しく教えてください。
林　コールマンの良さは、地元の人が本当に熟知されています。ほかのぶどうとの決定的な違いは、果糖部分というのがありません。果物にはショ糖、果糖、ブドウ糖という3種類の糖分が含まれていますが、その果糖部分が欠落しています。そのために糖度計で計ると、ちゃんと糖度は出ますが、食べてみるとちょっと甘味が足らないと感じてしまいます。
小玉　そうですね。
大熊　なるほど。
小玉　でも最近、ウィルスフリーの苗で甘っぽいコールマンも出てきていますが、それ以上に紫苑は果糖が豊富だということですね。紫苑は甘味をいっぱい感じるぶどうだと、リスナーの皆さんは理解していただければいいと思います。
林　特に紫苑の場合は最初からギフトにという要請がありました。ぶどうがほとんどなくなる冬の時期に赤系のぶどうで、種なしということで、非常に脚光を浴びました。私が紫苑に取り組んだのは、平成9年からです。4年後の平成14年に温室園芸農協で本格的に取り組み始め、作り方もなかなか分からない状態でした。
大熊　ということは紫苑の第一人者ですか。
小玉　そうです。岡山に導入された最初の方です。ここのベースで苗がいろいろな圃場に出回っているというのが現状だと思います。また、育て方も暗中模索の中で、林さんが苦労されて作られたお話とか、ハウスの話などをお聞きかせいただけますか。
林　平成8年にトルコまでぶどうを探しに行きました。
大熊　トルコにはぶどうがあるのですか。
林　カッパドキア地方（トルコ　アナトリア半島の中央部に位置し、火山によってできた大地）に、国立ぶどう研修所というのがあります。
大熊　国を挙げて取り組んでいるのですね。
林　トルコでは生食のぶどうとお酒にするぶどうを分けて研究しています。そこで出会ったのが、アルフォンスという黒ぶどうでとても美味しいものでした。日本にも

入ってきたのですが残念ながら廃れてしまっていました。このカッパドキア地方では糖度が18度にもなりますが、日本で作ると糖度が12度くらいしかいかならなかったようです。品種を探す中で、何を基準にするかで迷いました。結局、日本の気候に合った品種だから日本で探すしかないという結論になりました。そこで新しい温室を建てた時、20種類の栽培歴のないものを植えました。その中で、3本、系列番号が同じものを入れて、その中の1本が紫苑だったということです。

小玉　たまたま3本入れたうちの一つの苗が紫苑というぶどうだったということですね。

大熊　始まりは、そこなのですね。

林　その苗を育てていく時に巻蔓に5粒の果実が実りました。それを2月までおいて剪定する時に食べてみたら、非常に肉質が硬くて美味しいし、全然傷んでなかったのですね。それが最初の出会いです。

小玉　2月までぶどうがもっていたということですね。

大熊　それで、林さん、それを食べて、これはいけるかもしれないと思われたのですね。

林　何となく感じて、それじゃ、次の年から本格的にやってみようと思ったのですが、種なし技術を持っていなかったので、どうやって育てるか苦労しました。最初の年は失敗して1年間は棒を振りました。しかし、その次の年からいろんな濃度でテストをしました。

小玉　ジベレリンという植物自体が持っているホルモンにつけると種なしになるということですね。

林　紫苑そのものは有核になりにくい品種だったのです。

小玉　もともと、そうですね。

林　そういう弱点があったために、あまり紫苑に脚光は浴びませんでした。

小玉　有核にならなかったからですね。

林　だから、この品種は登録されていませんでした。だから自由に作れる。最初に作られた方には全農を通じて許諾はいただき、その方も自由にやってくださいということで、岡山県で苗を作ってみんなに広げていきました。

小玉　林さんが最初に苗を入れられてから、約16、7年掛かりましたが、今はどんどん広がっています。

林　はい、そうです。岡山県では次世代フルーツということでPRに力を入れています、現在、このぶどうの市場占有率は98％以上が岡山です。他の県では、こんな面倒くさい品種のぶどう作っていません。いろんな個性があるぶどうなので、作るのが難しいところがあります。それをこなしていくことが大変なので、ピオーネなど色々なぶどうを作られている方でも、紫苑を栽培することには難色を示されます。そういうぶどうなのです。

大熊　一筋縄じゃいかないのですね。

小玉　岡山県では全農さんと一緒にファジアーノの試合を通じてこのぶどうを売り出しています。紫苑のワインレッドはファジアーノカラーということですね。

大熊　そうですね、タイアップしていますからね。

小玉　だからぜひ、皆さん、ファジアーノのカラーを見たら、10月、11月は紫苑というぶどうだと逆にご理解いただくと助かりますね。

大熊　ところで林さん、農園はどちらにあるのでしょ

加温紫苑（井原市）

うか。

林　早島町の矢尾という地域です。コンベックス岡山の真南になります。家族経営で、私と家内と息子が一人。3人で経営しています。

小玉　どれぐらいの広さで栽培されていますか。

林　全部で60アールです。

小玉　60アールもあるのですか。今はどんな品種を作られているのですか。

林　マスカットから始まって、シャインマスカット、瀬戸ジャインアンツ、紫苑、ピオーネなど色々栽培しています。

小玉　多分10種類以上栽培されているのだと思います。

大熊　すごいですね。

林　本当は全部の品種を集約してしまえば楽なのですけど、やはり位置的なものもあって、全部が全部、市場に出せるぶどうばかりは作れません。栽培面積が広くなって家族3人だけではもう完全に労力オーバーになっています。だから、何とか回していくために、品種を少し変える中で、やり繰りしているというのが現状です。

小玉　以前、林さんの温室を見せて頂きましたが、自動灌水装置を導入されていましたね。びっくりしました。

林　隔離ベッドで自動的に肥料分の溶液と水を自動的に与えることで管理しています。水やりと肥料は機械任せにできるのですが、ほかもバルブ操作で水がやれるように全部切り替えています。

大熊　ハイテクですね。

小玉　林さんのところはそういう作り方をされていますが、ほかの紫苑の生産者の方もいろいろな作り方をされています。

林　どこかで節約して、必要な部分に資本投下をしています、手ですべてをこなすのは無理があります。機械任せにしていますが、機械任せにするとこれもトラブルになる危険もあります。

大熊　何かありましたか。

林　昨年、今年とちょっとひどい目に遭いました。トラブルが起きた時、対応が分からなく、何とか応急処置で立ち直ることはできましたが、ひとつ間違えれば致命的なことになる場合があります。だから機械のみに頼らず毎日温室に行って、木の変化を自分の目で確かめておくのが基本的な、大事なことだと思いますね。

小玉　毎日温室に入るということですか。

大熊　最終的には人間の目が一番だと思います。

小玉　その努力が大変ですね。毎日温室に入って、見て、管理をして、悪いところがあったら直していくということですね。玉自体も毎日、変化していきますから直していかなきゃいけない。粒を間引き、きれいに整えなくてはいけませんね。結構、農業というのは大変な労力がいりますね。

林　大変ですけど、僕、ぶどう作り好きですから。

大熊　いい言葉が聞けました。

小玉　息子さんも一緒にやられているということで、息子さんはぶどう作りが好きなほうですか。

林　だと思いますが。

大熊　いいですね。

林　最初は同じぶどうを栽培することを嫌がって、桃を栽培していましたが、今はぶどうのほうがいいと言ってます。今はある程度は息子のやりたいようにやらせています。

小玉 これから期待できますね。

大熊 そうですね。林さん、いろいろ伺ってきましたが、この紫苑は将来的にどういうぶどうになってほしいと思われていますか。

林 そうですね、買っていただいた方が食べてみて美味しかった。美味しかったから、じゃお隣の人にも薦めようとか、知人に薦めてみようと思われて、大勢の人に買っていただけるぶどうになってほしいと思っています。

大熊 今日は、「フルーツ王国おかやま」の「紫苑」について生産者の林修吾さんに伺いました。

あとがき

２０１４年４月から９月まで月２回のペースで１２回、岡山シティエフエムFM７９０「ＲａｄｉｏMOMO（レディオモモ）」で３０分番組「愛晴れ！フルーツ王国おかやま」に出演させていただきました。パーソナリティにはＪＡ岡山でフルーツのＰＲを担う「フレッシュおかやま」の経験をされていた大熊沙耶さんが担当されるということもあってフルーツの話題で盛り上がりました。

今までフルーツをテーマとしたラジオ番組はフルーツ王国岡山でも初めてだと思います。

この番組を通して、岡山のフルーツの素晴らしさを感じ取っていただき、実際食べていただき、その美味しさを実感していただきたいという思いから半年間番組を続けさせていただきました。その思いを書籍と言う形で残し、岡山の果樹栽培の一助となれば幸いです。

最後になりましたがこの番組にご出演いただいた皆さまに心より感謝申し上げます。

濱島　敦博　先生	吉備国際大学地域創生農学部　准教授
岡本　五郎　先生	岡山大学名誉教授　農学博士
神宝　貴章　様	株式会社神宝あぐりサービス　代表取締役
大塚　美貴　様	株式会社神宝あぐりサービス　農園長
平本　純大　様	ぶどう部会　分区長
今井　敦　様	株式会社フルーツランド岡山　代表取締役
佐々木靖正　様	船穂町ぶどう部会　副会長
大月　健司　様	岡山県果樹研究会会長　ぶどう部会部会長
林　修吾　様	岡山県温室園芸農業協同組合　理事

＜出演順＞

ラジオ番組制作　株式会社岡山シティエフエムレディオモモ
総合プロデューサー　長尾　幸次郎
制作ディレクター　宮田　さとみ

【著者経歴】

小玉康仁（こだまやすひと）
昭和29年12月30日生まれ
岡山市北区内山下1-10-1
小玉促成青果株式会社 代表取締役社長

昭和48年3月　岡山県立岡山大安寺高等学校 卒業
昭和53年3月　慶応義塾大学 法学部政治学科 卒業
昭和53年4月　㈱天満屋入社
昭和57年4月　小玉促成青果㈱入社
平成18年1月　小玉促成青果㈱社長
現在にいたる

趣味　ゴルフ

NPO法人バンクオブアーツ 直前理事長
京橋朝市実行委員会 幹事

愛晴れ! フルーツ王国おかやま
（あっぱれ!ふるーつおうこくおかやま）

2017年12月20日　発行

著　　者　小玉康仁
発 行 者　小玉康仁
編集協力　小玉奈美子　永末博
デザイン　和田静夫
写真協力　JA岡山

発　　売　吉備人出版
〒700-0823 岡山市北区丸の内2丁目11-22
電話086-235-3456　ファクス086-234-3210
ホームページ　http://www.kibito.co.jp
Eメール　mail:books@kibito.co.jp

印　　刷　有限会社坪井工芸

定価　本体価格1,000円+税

ISBN978-4-86069-535-4　C0061